Beiträge zur Theorie positiver Operatoren

SCHRIFTENREIHE
DER INSTITUTE FÜR MATHEMATIK

BEI DER DEUTSCHEN AKADEMIE DER WISSENSCHAFTEN
ZU BERLIN

Herausgeber: Heinrich Grell, Josef Naas, Hans Reichardt,
Willi Rinow, Kurt Schröder, Karl Schröter, Hans-Jürgen Treder

REIHE A

REINE MATHEMATIK

HEFT 6

BEITRÄGE ZUR THEORIE POSITIVER OPERATOREN

von

HANS-JÜRGEN KRIEGER

AKADEMIE-VERLAG · BERLIN
1969

HANS-JÜRGEN KRIEGER

BEITRÄGE ZUR THEORIE POSITIVER OPERATOREN

Mit 3 Abbildungen

AKADEMIE-VERLAG · BERLIN
1969

Institut für Reine Mathematik, 1199 Berlin, Rudower Chaussee 5
Erschienen im Akademie-Verlag GmbH, 108 Berlin, Leipziger Straße 3—4

Lizenznummer: 202 · 100/409/69
Gesamtherstellung: VEB Druckerei „Thomas Müntzer", 582 Bad Langensalza
Bestellnummer: 2069/A/6 · ES 19 B 4
19,—

VORWORT

A. In der vorliegenden Arbeit machen wir Aussagen zur Theorie des Randspektrums positiver linearer Operatoren auf BANACH-Verbänden. Die Aussagen dieser Theorie verallgemeinern den Satz von PERRON und FROBENIUS über positive Matrizen $\mathfrak{a} = (a_{ik})_{i,k=1,\ldots,n}$; $a_{ik} \geqq 0$, das heißt Matrizen, die den Kegel

$$K: = \{x = (x_1, x_2, \ldots, x_n) \in R^n, \quad 0 \leqq x_k \quad \text{für} \quad k = 1, 2, \ldots, n\}$$

invariant lassen: Es ist also $\mathfrak{a}\, x \in K$ für alle $x \in K$. Diese Eigenschaft einer positiven Matrix dient zur Definition positiver linearer Operatoren auf BANACH-Verbänden. Wir sagen, daß ein Operator T auf einem BANACH-Verband positiv ist, wenn er den Kegel K der positiven Elemente invariant läßt: $T\, K \subseteqq K$. Wir nennen das Randspektrum

$$\sigma_R(T): = \{z \in \sigma(T): |z| = r_\sigma(T), \quad r_\sigma(T) \text{ Spektralradius}\}$$

zyklisch, wenn aus $a \in \sigma_R(T)$ folgt

$$r_\sigma H(a\, r_\sigma^{-1}) = \{r_\sigma(a\, r_\sigma^{-1})^n: \quad n = 0, \ \pm 1, \ \pm 2, \ \ldots\} \subseteqq \sigma_R(T), \qquad (r_\sigma \neq 0)\,.$$

Der Satz von PERRON und FROBENIUS hat für eine (beliebige) positive Matrix folgende Gestalt:

Satz I: 1. *Das Randspektrum $\sigma_R(T)$ ist zyklisch.*

2. *Zum Wert $z = r_\sigma(T)$ existiert ein Eigenvektor mit nichtnegativen Komponenten.*

In den ersten drei Abschnitten dieser Arbeit interessieren wir uns ausschließlich für Zyklizitätsaussagen des Randspektrums für lineare positive Operatoren auf BANACH-Verbänden. Im vierten Abschnitt erhalten wir die Aussage, daß, grob gesprochen, unzerlegbare positive lineare (abstrakte) Integraloperatoren einen positiven Spektralradius besitzen. In einem fünften Abschnitt stellen wir die grundlegenden Spektralaussagen zum Punkt 2 von Satz I für Operatoren auf einem BANACH-Raum mit Kegel zusammen.

B. Mit vollstetigen positiven linearen Operatoren haben sich zuerst M. G. KREIN und M. A. RUTMAN in der 1948 erschienenen Arbeit [21] befaßt. Sie erhalten eine vollständige Übertragung des Satzes von PERRON und FROBENIUS. Das gleiche Ergebnis erhält auch T. ANDO [1]. Aus diesen Ergebnissen ergibt sich speziell der von P. JENTZSCH [13] stammende Satz über die Existenz einer positiven Eigenfunktion bei Integralgleichungen mit nichtnegativem Kern. Diese Resultate wurden dann von S. KARLIN [15] auf gewisse quasi-vollstetige positive lineare Operatoren übertragen. Dabei heißt ein linearer Operator T mit $r_\sigma(T) = 1$ quasi-vollstetig, wenn ein vollstetiger linearer Operator V und eine Zahl n_0 mit $||T^{n_0} - V|| < 1$ existiert. Bei Verzicht auf die Eigenschaft der

Vollstetigkeit des Operators T erhielt H. H. SCHAEFER folgende Aussagen (siehe [46]—[51]) über die Zyklizität des Randspektrums $\sigma_R(T)$:

a) Es sei B ein AB-Verband mit normalem Kegel und auch für komplexe Elemente existierenden Absolutbetrag. Existiert ein streng positives lineares Funktional F_0 mit $T' F_0 \leqq r_\sigma(T) F_0$, so ist das Rand-Punktspektrum $\sigma_R(T) \cap \sigma_p(T)$ des positiven linearen Operators T zyklisch.

b) Gilt für einen positiven linearen Operator T auf $C(X)$ die Wachstumsbedingung $||R_z(T)|| \leqq M_0 \left(z - r_\sigma(T)\right)^{-1}$ für $z > r_\sigma(T)$, so gilt

$$a \in \sigma_p(T) \cap \sigma_R(T) \Rightarrow r_\sigma H(a\, r_\sigma^{-1}) \subseteqq \sigma_R(T)\,, \quad (r_\sigma \neq 0)\,.$$

c) In [46] zeigte H. H. SCHAEFER, daß unter der Annahme eines AL-Verbandes und $||T|| = r_\sigma(T)$ das Randspektrum $\sigma_R(T)$ zyklisch ist.

In der Arbeit [49] stellte H. H. SCHAEFER die Frage, ob sich die Eigenschaft, daß $z = r_\sigma(T)$ ein Pol der Resolvente $R_z(T)$ ist, auch auf die anderen Punkte des Randspektrums $\sigma_R(T)$ überträgt. F. NIIRO bzw. H. H. SCHAEFER erhielten für die AB-Verbände l^p, $L^p_{(1<p<\infty)}$, [33]—[34], bzw. für den AB-Verband $C(X)$, [50], und F. NIIRO und I. SAWASHIMA [35] bzw. H.-J. KRIEGER [25]—[26] für beliebige AB-Verbände folgendes Ergebnis:

Satz II: *Es sei T ein unzerlegbarer positiver linearer Operator auf einem AB-Verband. Ist $z = r_\sigma(T)$ ein Pol der Resolvente $R_z(T)$, so besteht $\sigma_R(T)$ nur aus Polen der Resolvente.*

C. In den oben zitierten Ergebnissen werden folgende Einschränkungen gemacht:

(a) Es wird nur das Punktspektrum betrachtet.

(b) Es werden spezielle BANACH-Verbände betrachtet. Vielfach erfolgt auch eine Zurückführung bestimmter Aussagen auf einfachere Fälle; z. B. auf Räume vom Typ R^n, L^1_μ, $C(X)$.

Der von uns beschrittene Weg ermöglicht es, auf diese Einschränkungen zu verzichten. Wir betrachten Operatoren mit beliebigen Spektren auf beliebigen BANACH-Verbänden. Ferner benötigen wir *nicht die Vollstetigkeit* der Operatoren. Die Untersuchung des vom Punktspektrum verschiedenen Spektrums führen wir durch die Einbettung des BANACH-Verbandes in einen umfassenderen Raum, bei gleichzeitiger Erweiterung des Operators auf diesen umfassenderen Raum, auf die Untersuchung von Punktspektrum zurück. Wir zeigen: Das Randspektrum des Operators und das seiner Erweiterung sind gleich und letzteres besteht nur aus Punktspektrum (Satz 1.2.1., 1.2.2.). Die Anregung zu dieser Methode entstammt der Arbeit von S. K. BERBERIAN [4].

Durch *konsequente Benutzung der Theorie der Vektorverbände* können wir auch die Einschränkung auf spezielle BANACH-Verbände eliminieren. Es sei auch darauf hingewiesen, daß diese Betrachtungsweise nicht die vorherige Lösung für den einfachen Fall der Matrizen nötig macht. Das in den Abschnitten 2 und 3 benutzte Beweisprinzip stammt von H. WIELANDT [55]. Es läßt sich im einfachsten Fall in folgender Weise aufgliedern:

1. $T x_0 = a\, x_0 \Rightarrow T|x_0| = r_\sigma(T)\, |x_0|, \quad 0 \neq a \in \sigma_R(T)\,,$

2. Es existiert ein linearer invertierbarer Operator D mit a) $|D x| = |x|$, $x \in B$ und b) $D|x_0| = x_0$,
3. $T x = (a\, r_\sigma^{-1})\, D^{-1}\, T\, D\, x \quad \text{für} \quad |x| \leqq M(x)\, |x_0|$,
4. $T \cdot D^l |x_0| = r_\sigma(T)\, (a\, r_\sigma^{-1})^l\, D^l |x_0|$, $\quad (l = 0, \pm 1, \ldots)$,
   $R_z(T)\, x = a\, r_\sigma^{-1}\, D^{-1}\, R_{z\, a_0 r_\sigma^{-1}}(T)\, D\, x \quad \text{für} \quad |x| \leqq M(x)\, |x_0|$.

Dieses Beweisprinzip liegt in den Abschnitten 2 und 3 allen entsprechenden Beweisen zugrunde. Mit diesen kurz charakterisierten Hilfsmitteln erhalten wir Aussagen über die Zyklizität des Randspektrums (Sätze 2.2.1., 2.2.2., 2.2.3.), über die zum Randspektrum gehörenden Eigenräume (Sätze 2.3.1., 2.3.2.) und den Beweis des Satzes II für AB-Verbände (Sätze 3.2.3., 3.2.4.).

Die Frage nach der Zyklizität des Randspektrums eines beliebigen positiven linearen Operators auf einem beliebigen AB-Verband ist ein zur Zeit noch ungelöstes Problem.

Im 4. Abschnitt verallgemeinern wir ein Kriterium von T. Ando [1] dafür, daß ein linearer positiver Operator auf einem Banach-Verband nicht quasi-nilpotent ist. Diese Verallgemeinerung beruht auf einem Störungssatz für positive lineare Operatoren, den wir für einen Banach-Raum mit erzeugendem Kegel aussprechen. Er macht eine Aussage über die Folge $\big(r_\sigma(C_i|K^*)\big)$ (für die Bezeichnung siehe Abschnitt 4), wobei (C_i) eine monoton wachsende und in einem gewissen Sinne gegen einen vollstetigen Operator konvergente Folge positiver linearer Operatoren ist.

Den einzelnen Abschnitten dieser Arbeit sind zusätzlich kurze Inhaltsangaben vorangestellt.

Der Verfasser möchte seinen Lehrern, Herrn Prof. Dr. P. H. Müller (Dresden) und Herrn Prof. Dr. H. Langer (Dresden) an dieser Stelle für die ihm vermittelte Ausbildung und das ständige und damit fördernde Interesse an seinen Untersuchungen aufrichtigen Dank zum Ausdruck bringen. Speziell möchte er Herrn Prof. Dr. P. H. Müller für die Bekanntschaft mit der für diese Untersuchungen wichtigen Arbeit von S. K. Berberian danken. Ebenso spricht der Verfasser Herrn Dr. habil. G. Anger für die dauernde Anteilnahme und Unterstützung seinen herzlichen Dank aus.

Berlin, im September 1968

INHALTSVERZEICHNIS

0. Definitionen und Begriffe

In diesem Abschnitt stellen wir einige Begriffe und Sätze aus der Theorie linearer Operatoren, der Theorie der Vektor- und BANACH-Verbände zusammen. Bezüglich der Theorie linearer Operatoren schließen wir uns der Terminologie von N. DUNFORD und J. T. SCHWARTZ [10], bezüglich der Theorie der Vektorverbände der von B. S. WULICH [56] bzw. in Abschnitt 4 der von H. NAKANO [31] und bzgl. der Theorie der BANACH-Verbände der von M. M. DAY [9] an.

0.1. Lineare Operatoren, Spektrum eines Operators

Ist B ein BANACH-Raum, so bezeichne $[B]$ den Raum aller linearen stetigen Operatoren von B in sich. Es bezeichne für $T \in [B]$

$$N_T := \{x: T\,x = 0\} \quad \text{bzw.} \quad W_T := \{y: y = T\,x\} \tag{0.1}$$

den Nullraum bzw. den Wertebereich des Operators T. Für einen Operator $T \in [B]$ können wir wie N. DUNFORD und J. T. SCHWARTZ [10], S. 580, das Spektrum $\sigma(T)$ und die Resolventenmenge $\varrho(T)$ definieren. Auf der Resolventenmenge $\varrho(T)$ ist die Resolvente $R_z(T) := (z\,I - T)^{-1}$ des Operators T eine holomorphe Funktion. Teilmengen des Spektrums sind das Punktspektrum $\sigma_p(T)$ und das Randspektrum $\sigma_R(T)$:

$$\begin{aligned}\sigma_p(T) &:= \{z: \text{Es existiert ein } x \neq 0,\ x \in B \text{ mit } T\,x = z\,x\}\\ \sigma_R(T) &:= \{z: z \in \sigma(T) \text{ und } |z| = r_\sigma(T)\}\,.\end{aligned} \tag{0.2}$$

Die Zahl $r_\sigma = r_\sigma(T) := \sup\limits_{z \in \sigma(T)} |z|$ heißt *Spektralradius* des Operators T. Wir werden in dieser Arbeit einen Operator oft auf mehreren Räumen B, $\sqcap B$ usw. gleichzeitig betrachten. Wenn wir betonen wollen, daß wir den Operator T auf dem Raum B betrachten, schreiben wir

$$\sigma(T|B),\ \sigma_p(T|B),\ \sigma_R(T|B),\ r_\sigma(T|B) \quad \text{usw.} \tag{0.3}$$

Wir nennen das Randspektrum $\sigma_R(T)$ *zyklisch*, wenn aus $a \in \sigma_R(T)$ folgt

$$r_\sigma\,H(a\,r_\sigma^{-1}) := \{r_\sigma(a\,r_\sigma^{-1})^n\,,\quad n = 0,\ \pm 1, \ldots, r_\sigma \neq 0\} \subseteqq \sigma_R(T)\,. \tag{0.4}$$

0.2. Schwache Topologie

Es mögen zwei lineare Räume E, F ein Dualsystem $\langle E, F\rangle$ bilden (siehe G. KÖTHE [17], S. 88). Wir bezeichnen mit $\langle .,. \rangle$ die Bilinearform auf dem Raum $E \times F$. Ihre Werte sind komplexe Zahlen. Dann gibt es also zu jedem Element $e \in E$ ein Element $f \in F$ mit $\langle e, f\rangle \neq 0$ und umgekehrt. Damit wird auf dem Raum E durch die Umgebungsbasis

$$U(e_0; f_1, \ldots, f_n; d) := \{e \in E : |\langle e - e_0, f_k\rangle| \leqq d \quad \text{für} \quad k = 1, \ldots, n, 0 < d\} \tag{0.5}$$

die schwache Topologie $\sigma(E, F)$ definiert.

Ist $\mathfrak{T}$ eine Topologie auf dem Vektorraum B, so bezeichne $\overline{A}^{\mathfrak{T}}$ — oder einfach $\overline{A}$ — die Abschließung der Menge A in B bezüglich der Topologie $\mathfrak{T}$. Die Konvergenz eines gerichteten Systems $(x_\alpha)_{\alpha \in A}$ (siehe G. Köthe [17], S. 11) in der Topologie $\mathfrak{T}$ gegen $x_0 \in B$ bezeichnen wir durch $\mathfrak{T} - \lim x_\alpha = x_0$.

Wir werden gelegentlich auf einem linearen Raum B mehrere Normen betrachten. Wollen wir besonders betonen, daß der lineare Raum B mit der Norm $||\cdot||$ versehen ist, so schreiben wir $B(||\cdot||)$.

0.3. Kegel

Die folgenden Definitionen beziehen sich auf reelle Räume. Eine ergänzende Bemerkung machen wir am Schluß dieses vorbereitenden Abschnitts.

Definition 0.1 (siehe M. A. Krasnoselskij [19], S. 13). Eine Menge K eines Vektorraumes B heißt ein *Kegel*, wenn gilt

$K + K \subseteqq K$, (1) $\quad e\,K \subseteqq K$ für jede nichtnegative Zahl e, (2)

$$K \cap -K = \{0\}. \tag{3}$$

Ist B ein normierter Raum, so fordern wir, wenn nichts anderes gesagt wird, überdies

$K = \overline{K}$, (4) $\quad \overline{K - K} = B$. (5)

Ist B ein normierter Vektorverband, so sind die Eigenschaften (4), (5) erfüllt. Dies folgt aus der Stetigkeit der Supremumsbildung und (0.33.).

Jeder Kegel K erzeugt durch die Festsetzung

$$x \leqq y \Leftrightarrow y - x \in K \tag{0.6}$$

eine *Halbordnung* auf B. Aus diesem Grunde heißen die Elemente des Kegels positiv.

Definition 0.2 (siehe M. A. Krasnoselskij [19], S. 13, 17). Ein Kegel K mit $K - K = B$ heißt *erzeugend*. Ist B ein normierter Raum, so heißt K *normal*[1]), wenn gilt

$$x, y \in K \Rightarrow ||x|| \leqq C_0\,||x + y||, \quad C_0 \text{ positive Zahl.} \tag{0.7}$$

Als Folgerung aus der Normalität erhalten wir aus $o \leqq x \leqq y$ stets $||x|| \leqq C_0||y||$. Ist K ein Kegel in einem normierten Raum B, so ist die Menge K^* der positiven linearen stetigen Funktionale auf B ein Kegel mit den Eigenschaften (1)—(4) von Definition 0.1.:

$$K^* := \{F \in B' : o \leqq x \Rightarrow 0 \leqq F(x)\}. \tag{0.8}$$

Ein Zusammenhang zwischen den Kegeln K, K^* in einem Banach-Raum ist der folgende: Ist der Kegel K erzeugend, so ist der Kegel K^* normal (siehe Theorem 1 der Arbeit [3]).

---

[1]) Der Begriff der Normalität wird noch für Teilräume verwendet.

In einem BANACH-Raum mit Kegel K existiert zu jedem vom Nullelement verschiedenen positiven Element $x_0 \in K$ ein positives lineares Funktional $F_0 \in K^*$ mit

$$F_0(x_0) > 0 \quad \text{(siehe M. G. KREIN und M. A. RUTMAN [21], S. 13).} \quad (0.9)$$

Es gilt auch die Umkehrung

$$0 \leqq F(x_0) \quad \text{für alle} \quad F \in K^* \Rightarrow x_0 \in K \quad (0.10)$$

(s. M. G. KREIN und M. A. RUTMAN [21], S. 13).

Damit ist die durch den Kegel K erzeugte Halbordnung *archimedisch*[1]). Ist nämlich $n\,x \leqq y$ für $n = 1, 2, \ldots$ und $-x \notin K$, so gibt es nach (0.10.) ein Funktional $F_0 \in K^*$ mit $F_0(-x) < 0$, d. h. $0 < n\,F_0(x) \leqq F_0(y)$ für $n = 1, 2, \ldots$. Dies ist ein Widerspruch und folglich $-x \in K$, $x \leqq 0$.

Ist B ein BANACH-Raum mit erzeugendem Kegel, so ist jedes positive lineare Funktional stetig (siehe [3]).

Eine Menge $A \subseteqq B$ eines Vektorraumes B mit einem Kegel K heißt *nach oben beschränkt,* wenn es eine obere Schranke $x_0 \in B$ gibt, d. h. $a \leqq x_0$ für $a \in A$. Gibt es zu $a_1, a_2 \in A$ immer ein $a_3 \in A$ mit $a_1, a_2 \leqq a_3$, so nennen wir A *zunehmend.* Analog definiert man nach unten beschränkte und abnehmende Mengen.

0.4. Vektorverbände und BANACH-Verbände

Definition 0.3 (siehe B. S. WULICH [56], S. 60). Existiert in einem Vektorraum B mit Kegel K zu zwei Elementen $x, y \in B$ immer eine kleinste obere Schranke z bezüglich der durch K gegebenen Halbordnung, so heißt B ein *Vektorverband* und z das *Supremum* von x und y; in Zeichen: $z = x \vee y$ oder $z = \sup(x, y)$.

Wir werden uns nur für Vektorverbände interessieren, für die die zugehörige Halbordnung archimedisch ist.

In jedem Vektorverband existiert zu zwei Elementen x, y immer eine größte untere Schranke w bezüglich der durch K gegebenen Halbordnung, das *Infimum* von x und y; in Zeichen: $w = x \wedge y$ oder $w = \inf(x, y)$.

In jedem Vektorverband B ist der zugrundeliegende Kegel erzeugend:

$$x = x \vee o - (-x) \vee o \quad \big(\text{siehe Formel (0.33.)}\big)\,. \quad (0.11)$$

Einige Beispiele für Vektorverbände geben wir nach Definition 0.4 an.

Ist B ein normierter Raum und ist die Abbildung $B \times B \ni (x, y) \to x \vee y$ stetig, so nennt man B einen *normierten Vektorverband.* Ist B ein BANACH-Raum, so heißt B ein BANACH-Verband.

Aus der in jedem Vektorverband B gültigen Beziehung $x + y = x \vee y + x \wedge y$ (siehe Formel (0.34)) ergibt sich, daß in einem normierten Vektorverband B auch die Abbildung $B \times B \ni (x, y) \to x \wedge y$ stetig ist.

Definition 0.4 (siehe M. M. DAY [9], S. 98—100). Ein normierter Vektorverband B heißt ein *normierter AB-Verband,* wenn folgendes gilt:

(A) $\quad \|x\| = \|\,|x|\,\|\,, \quad |x| := x \vee o - x \wedge o\,,$

(B) $\quad o \leqq x \leqq y \Rightarrow \|x\| \leqq \|y\|\,.$

[1]) Eine Halbordnung heißt archimedisch, wenn gilt $n\,x \leqq y$ für $n = 1, 2, \ldots \Rightarrow x \leqq 0$.

B heißt ein *normierter AL-Verband*, wenn die Eigenschaften (A) und (L) gelten:

(L) $$0 \leqq x, y \Rightarrow \|x + y\| = \|x\| + \|y\| .$$

Ist B ein BANACH-Raum, so sprechen wir von *AB-* bzw. *AL-Verbänden.*

Es sei an dieser Stelle bemerkt, daß einige Autoren die Eigenschaft (B) bei der Definition des BANACH-Verbandes zusätzlich fordern.

M. M. DAY zeigte in [9], S. 100, daß die Vervollständigung eines normierten AB-Verbandes ein AB-Verband ist. Da jeder normierte AL-Verband B_1 ein normierter AB-Verband ist, ist seine Vervollständigung ein AL-Verband: Es sei nämlich $x_{k,i} \in B_1$ $(i = 1, 2)$, $x_{k,i} \to x_i \vee 0 = x_i$. Dann erhalten wir auf Grund der Stetigkeit der Supremumsbildung $0 \vee x_{k,i} \to 0 \vee x_i = x_i$, d. h.

$$\|x_1 + x_2\| = \lim_{k\to\infty} \|0 \vee x_{k,1} + 0 \vee x_{k,2}\| = \lim_{k\to\infty} \|0 \vee x_{k,1}\| + \lim_{k\to\infty} \|0 \vee x_{k,2}\| = \\ = \|x_1\| + \|x_2\| .$$

Beispiele für *AB-* und *AL-*Verbände

1. AL-Verbände sind die Räume $L^1(X, \Sigma, \mu)$ mit dem Kegel K aller nichtnegativen Funktionen: $K = \{f \in L^1(X, \Sigma, \mu) : f(x) \geqq 0 \text{ für } x \in X\}$,
2. AB-Verbände sind die Räume $L^p(X, \Sigma, \mu)$, $C(Q)$ mit dem Kegel aller nichtnegativen Funktionen: $K = \{f \in L^p(X, \Sigma, \mu) : f(x) \geqq 0 \text{ für } x \in X\}$ bzw. $K = \{f \in C(Q) : f(q) \geqq 0 \text{ für } q \in Q\}$, $(1 \leqq p \leqq \infty)$.

Dabei bezeichnet in den Beispielen 1., 2. (X, Σ, μ) einen Maßraum (siehe N. DUNFORD und J. T. SCHWARTZ [10], S. 141).

Grundlegend ist für uns die folgende Definition 0.5 mit den sich daraus ergebenden Konsequenzen:

Definition 0.5 (siehe B. S. WULICH [56], S. 92). Ein Vektorverband B heißt *bedingt vollständig*[1]), wenn jede nach oben beschränkte Menge $E \subseteqq B$ ein Supremum besitzt.

In [9], S. 107 wurde gezeigt, daß jeder AL-Verband bedingt vollständig ist.

U. KRENGEL bewies in [22], S. 157, daß der Raum $K^* - K^*$ ein bedingt vollständiger Vektorverband ist. Es gilt für $0 \leqq x$, $x \in B$

$$\left.\begin{aligned} h_1 \vee h_2(x) &= \sup_{0 \leqq x' \leqq x} \big(h_1(x') + h_2(x - x')\big); \quad h_1, h_2 \in K^* - K^*, \\ h_1 \wedge h_2(x) &= \inf_{0 \leqq x' \leqq x} \big(h_1(x') + h_2(x - x')\big); \quad h_1, h_2 \in K^* - K^*. \end{aligned}\right\} \qquad (0.12)$$

Ist B ein AB-Verband, so ist der duale Raum B' ebenfalls ein AB-Verband mit dem Kegel K^* aller positiven linearen Funktionale auf B (siehe M. M. DAY [9], S. 100). Bezeichnet $\varkappa$ die kanonische Abbildung des Raumes B in $B'' := (B')'$, so gilt für $x, y \in B$

$$\varkappa(x \vee y) = \varkappa x \vee \varkappa y \quad \text{(siehe M. M. DAY [9], S. 100).} \qquad (0.13)$$

Aus diesem Grunde werden die Elemente $x, \varkappa x$ mit demselben Symbol x bezeichnet.

---

[1]) B. S. WULICH [56] gebraucht hierfür den Begriff des K-Raumes.

Definition 0.6 (siehe B. S. Wulich [56], S. 78). Ein linearer Teilraum X eines Vektorverbandes B heißt *normal*, wenn gilt

$$x \in X,\ |y| \leqq |x| \Rightarrow y \in X\ ; \quad \text{hierbei ist } |y| := y \vee 0 - y \wedge 0\,. \tag{0.14}$$

Unter einer *Komponente* verstehen wir einen in B bedingt vollständigen normalen Teilraum. Ist also $x \in B$, $x_{\alpha(\alpha \in A)} \in X$ und $x = \sup\limits_{\alpha \in A} x_\alpha$, so folgt aus der Definition der Komponente $x \in X$.

0.5. Positive lineare Operatoren und Projektionen

Wir betrachten einen erzeugenden Kegel in einem reellen linearen Raum B. Durch die Festsetzung

$$0 \leqq T \Leftrightarrow o \leqq T\,x \quad \text{für} \quad x \in K \tag{0.15}$$

definieren wir den Kegel $\mathfrak{k}$ aller positiven linearen Operatoren von B in sich und folglich nach (0.6) eine Halbordnung auf diesem Raum. Damit sind insbesondere wegen (0.11) positive lineare Operatoren auf Vektorverbänden definiert.

Ist K ein Kegel in einem normierten Raum B, so kann man wegen $\overline{K - K} = B$ auf die gleiche Weise einen Kegel $\mathfrak{k}$ mit den Eigenschaften (1)—(4) von Definition 0.1 und folglich eine Halbordnung auf dem Raum aller linearen stetigen Operatoren von B in sich definieren.

Jeder positive lineare Operator T ist *monoton*

$$x \leqq y \Rightarrow T\,x \leqq T\,y\,. \tag{0.16}$$

Ist T ein positiver linearer Operator auf einem Banach-Raum B mit Kegel K, so folgt aus der Neumannschen Reihe $R_z(T) = (z\,I - T)^{-1} = \sum\limits_{n=0}^{\infty} T^n\, z^{-n-1}$ $(|z| > r_\sigma(T))$

$$R_z(T) \geqq 0 \quad \text{für} \quad z > r_\sigma(T)\,. \tag{0.17}$$

Ist B ein Vektorverband und T ein positiver linearer stetiger Operator von B in sich, so gilt

$$T\Big(\bigvee_{\alpha \in A} x_\alpha\Big) \geqq \bigvee_{\alpha \in A}(T\,x_\alpha)\,. \tag{0.18}$$

Es gilt nämlich $\bigvee\limits_{\alpha \in A} x_\alpha \geqq x_\beta$, d. h., wir erhalten nach (0.16)

$$T\Big(\bigvee_{\alpha \in A} x_\alpha\Big) \geqq T\,x_\beta \text{ und folglich } T \bigvee_{\alpha \in A} x_\alpha \geqq \bigvee_{\alpha \in A} (T\,x_\alpha)\,.$$

In dem folgenden Teil von Abschnitt 0.5 seien die betrachteten Vektorverbände bedingt vollständig.

Zu jeder Komponente $X \subseteqq B$ gibt es dann eine Komponente X^d, so daß B die direkte Summe von X und X^d ist:

$$B = X + X^d = \{x\colon x = x_1 + x_2 \text{ mit } x_1 \in X,\ x_2 \in X^d; \text{die Elemente von } X \text{ und } X^d \text{ sind disjunkt, d. h. } y \in X,\ z \in X^d \Rightarrow |y| \wedge |z| = 0\}, \tag{0.19}$$

(siehe B. S. Wulich [56], S. 100).

Aus der Stetigkeit der Verbandsoperationen folgt, daß X in einem Banach-Verband stets abgeschlossen ist.

Wir vereinbaren folgende Bezeichnungen:

$X_{x_0}(B)$ bzw. $X_A(B)$ bezeichnet die kleinste $\{x_0\}$ bzw. A enthaltende Komponente; $X(B)$ verweist darauf, daß die Komponente in B gebildet wird. (0.20)

Die Abbildung $x \to x_1 = : P\,x$ (siehe 0.19)) heißt *Projektion* auf die Komponente X. Es gilt

$$0 \leqq P \leqq I \tag{0.21}$$

und für einen normalen Teilraum E von X mit $X_E = X$

$$P\,x = \bigvee_{y \in E} x \wedge y\,, \quad o \leqq x \quad \text{(siehe B. S. Wulich [56], S. 98–100).} \tag{0.22}$$

Es bezeichne $[x_0]$ bzw. P_A die Projektion auf die Komponente $X_{x_0}(B)$ bzw. $X_A(B)$. (0.23)

Zu jeder Zerlegung des bedingt vollständigen Vektorverbandes $B = X + X^d$ gehört eine Zerlegung des linearen Operators T, die wir in Matrixform schreiben:

$$T = \begin{pmatrix} T_1 & T_2 \\ T_3 & T_4 \end{pmatrix} \begin{pmatrix} X \\ X^d \end{pmatrix} \begin{pmatrix} P \\ I - P \end{pmatrix}, \qquad P = P_X\,. \tag{0.24}$$

Es gilt also

$T_1 = P\,T\,P$, $T_2 = P\,T\,(I - P)$, $T_3 = (I - P)\,T\,P$, $T_4 = (I - P)\,T\,(I - P)$.

Ist B ein Banach-Verband, so erhält man für die Resolvente $R_z(T)$ folgende durch die Operatoren T_i $(i = 1, \ldots, 4)$ gegebene Darstellung

$$R_z(T) = \begin{pmatrix} R_z(T_1) & R_z(T_1)\,T_2\,R_z(T_4) \\ 0 & R_z(T_4) \end{pmatrix}, \qquad T_3 = 0\,. \tag{0.25}$$

Den Beweis kann man führen, indem man diese Darstellung für die Resolvente in die Gleichung $R_z(T)\,(z\,I - T) = (z\,I - T)\,R_z(T) = I$ einsetzt.

0.6. Darstellung von Vektorverbänden

In diesem Abschnitt stellen wir das Hilfsmittel für Abschnitt 4 sowie zwei Darstellungssätze über Vektorverbände zusammen. Wir schließen uns der Terminologie von H. Nakano [31] bzw. B. S. Wulich [56] an.

Definition 0.7 (siehe H. Nakano [31], S. 90). Es sei B ein bedingt vollständiger Vektorverband. Eine Menge $\mathfrak{p} \subseteqq \{[p], p \in B\}$ heißt ein *Ideal*, wenn gilt

$$[p_1] \in \mathfrak{p}, [p_2] \in \mathfrak{p} \Rightarrow [p_1]\,[p_2] = [|p_1| \wedge |p_2|] \in \mathfrak{p} \quad (|p| : = p \vee o - p \wedge o) \tag{1}$$

$$0 \notin \mathfrak{p}\,, \quad (2) \qquad [p] \in \mathfrak{p}, [p] \leqq [p'] \Rightarrow [p'] \in \mathfrak{p}\,. \tag{3}$$

Ein Ideal, das nicht in einem umfassenderen Ideal enthalten ist, heißt *maximal*. Nach dem Lemma von Zorn ist jedes Ideal in einem maximalen Ideal enthalten. Den Raum der maximalen Ideale bezeichnen wir mit $Q(B)$.

Satz 0.1 (siehe H. Nakano [31], S. 91). *Ist B ein bedingt vollständiger Vektorverband, so wird der Raum $Q(B)$ mit der durch die Umgebungen*

$$U_{p_0} = U(\mathfrak{p}_0, p_0) : = \{\mathfrak{p} \in Q(B) : [p_0] \in \mathfrak{p}_0, [p_0] \in \mathfrak{p}\}^{1)} \tag{0.26}$$

---

1) H. Nakano [31] bezeichnet die Umgebungen U_{p_0} mit $[p_0]$.

gegebenen Topologie ein lokal kompakter extremal unzusammenhängender[1]) HAUSDORFF-*Raum. Existiert ein Element* a_0 *mit* $[a_0] = I$, *so ist der Raum* $Q(B)$ *kompakt.*

Bemerkung. Definition 0.7 und Satz 0.1 findet man unter der Voraussetzung der Existenz eines Elementes a_0 mit $[a_0] = \mathrm{I}$ in anderer Terminologie auch in [56]. An Stelle der Menge der Projektionen wird die vollständige BOOLEsche Algebra $\mathfrak{E}(B)$ der einsartigen Elemente (S. 84) und an Stelle der Ideale von Projektionen werden zentrierte Systeme von Elementen des Raumes B (S. 51) betrachtet. Satz 0.1 wird dann in [56] auf den Seiten 53—56 bewiesen.

Ein Teilvektorverband E eines bedingt vollständigen Vektorverbandes B heißt ein *Fundament* von B, wenn E ein bedingt vollständiger und in B normaler Vektorverband mit $X_E(B) = B$ ist.

Ist Q ein HAUSDORFF-Raum, so bezeichne $C_\infty(Q)$ den Raum aller reellwertigen stetigen aber nur bis auf eine nirgends dichte Menge endlichen Funktionen auf Q. Die „Werte“ $+\infty, -\infty$ werden also durch die Funktionen $f \in C_\infty(Q)$ stetig angenommen.

Satz 0.2 (siehe B. S. WULICH [56], S. 155). *Ein bedingt vollständiger Vektorverband B ist einem Fundament* $\hat{B}$[2]) *des Raumes* $C_\infty(Q)$ *algebraisch- und strukturisomorph. Q ist ein geeigneter extremal unzusammenhängender* HAUSDORFF-*Raum. Ist B einer Komponente* $X_{x_0}(B)$, $o \leqq x_0$ *gleich, so kann die Darstellung so gewählt werden, daß* $\hat{x}_0(q) = 1$, $q \in Q$, *gilt. In diesem Fall ist Q kompakt.*

Satz 0.3 (siehe B. S. WULICH [56], S. 161). *Jeder archimedisch geordnete Vektorverband B ist einem Teilvektorverband des Raumes* $C_\infty(Q)$ *algebraisch- und strukturisomorph. Q ist ein* HAUSDORFF-*Raum.*

0.7. Komplexe Räume

Ist B ein reeller BANACH-Raum oder Vektorverband, so kann man B zu einem *komplexen Raum* $\tilde{B}$ erweitern

$$\tilde{B} = B + i\,B := \{x + i\,y;\; x, y \in B\}\,. \tag{0.27}$$

Insbesondere ist

$$\widetilde{C_\infty(Q)} := \{n + i\,\nu;\, n, \nu \in C_\infty(Q)\}\,.$$

Damit ist der *Realteil* Re z und der *Imaginärteil* Im z von komplexen Elementen definiert. Ein linearer Operator T wird durch $T\,(x + i\,y) := T\,x + i\,T\,y$ auf $\tilde{B}$ erweitert. Ein linearer positiver Operator T bildet positive Elemente in positive Elemente und wegen $x = x \vee o - (-x) \vee o$ (s. (0.33)) reelle Elemente in reelle Elemente ab. Wir erhalten

$$0 \leqq T \Rightarrow T\,\mathrm{Re} = \mathrm{Re}\,T\,, \quad T\,\mathrm{Im} = \mathrm{Im}\,T\,. \tag{0.28}$$

Ist B ein BANACH-Raum, so ist auch $\tilde{B}$ ein BANACH-Raum mit der Norm

$$\|x + i\,y\| := \sup_{\Theta \in [0,2\pi]} \|x \cos\Theta + y \sin\Theta\| = \sup_{\Theta \in [0,2\pi]} \|\mathrm{Im}\,(e^{-i\Theta}(x + i\,y))\| \tag{0.29}$$

(siehe [19], S. 75).

---

[1]) Ein HAUSDORFF-Raum heißt *extremal unzusammenhängend*, wenn die Abschließung offener Mengen wieder offen ist.

[2]) $\hat{B}$, $\hat{x}$ bezeichnen die Bilder von B, x $(x \in B)$ bei dieser Darstellung.

Wir können auf natürliche Weise alle obigen Begriffe auf komplexe Vektorverbände übertragen, inden wir die Ordnungsbeziehungen nur auf reelle Elemente beziehen. Unter einer Komponente $\tilde{X} \subseteqq \tilde{B}$ (einem Fundament $\tilde{F} \subseteqq \tilde{B}$) verstehen wir also einen Raum der Form $\tilde{X} = X + i\,X$ ($\tilde{F} = F + i\,F$); X bzw. F ist eine (reelle) Komponente bzw. ein (reelles) Fundament von B. Insbesondere gilt

$$x \in \tilde{X};\ |\mathrm{Im}\, y|,\ |\mathrm{Re}\, y| \leqq (|\mathrm{Re}\, x| + |\mathrm{Im}\, x|) \Rightarrow y \in \tilde{X}\,, \tag{0.30}$$
$$(|z|: = z \vee o + (-z) \vee o,\ z \in B)\,.$$

Damit können wir die Sätze 0.2, 0.3 für komplexe Vektorverbände aussprechen:

Satz 0.2'. *Ein bedingt vollständiger komplexer Vektorverband $\tilde{B}$ ist einem Fundament $\hat{\tilde{B}}$ eines Raumes $\widetilde{C_\infty(Q)}$ algebraisch- und strukturisomorph. Q ist ein geeigneter extremal unzusammenhängender* HAUSDORFF*-Raum. Insbesondere gilt*

$$\widehat{\bigvee_\alpha x_\alpha} = \bigvee_\alpha \hat{x}_\alpha \quad \text{für} \quad \bigvee_\alpha x_\alpha \in B\,.$$

Ist B einer Komponente X_{x_0}, $o \leqq x_0$, gleich, so kann die Darstellung so gewählt werden, daß $\hat{x}_0(q) = 1$, $q \in Q$, gilt. In diesem Fall ist Q kompakt.

Satz 0.3.' *Jeder archimedisch geordnete komplexe Vektorverband $\tilde{B}$ ist einem Teilvektorverband $\hat{\tilde{B}}$ eines Raumes $\widetilde{C_\infty(Q)}$ algebraisch- und strukturisomorph. Q ist ein* HAUSDORFF*-Raum.*

Beweis der Sätze 0.2', 0.3'. Haben wir nämlich die Darstellung $\hat{B}$ des reellen Raumes B (siehe Satz 0.2 bzw. Satz 0.3), so ordnen wir jedem Element $z = x + i\,y$; $x, y \in B$ die komplexwertige Funktion $\hat{z}: = \hat{x} + i\,\hat{y}$ zu. Dabei sind $\hat{x}$, $\hat{y} \in \hat{B}$ die Bilder der reellen Elemente x, $y \in B$ bei der gegebenen Darstellung $\hat{B}$ von B; $\widetilde{C_\infty(Q)} = \{\hat{x} + i\,\hat{y};\ x, y \in B\}$. Die Zuordnung

$$x + i\,y \leftrightarrow \hat{x} + i\,\hat{y}; \quad x, y \in B$$

ist eineindeutig und stellt eine algebraische Isomorphie der komplexen Räume dar, die für reelle Elemente nach Voraussetzung eine Strukturisomorphie herstellt.

Es sei nun B bedingt vollständig. Wir zeigen $\widehat{\bigvee_\alpha x_\alpha} = \bigvee_\alpha \hat{x}_\alpha$. Zunächst gilt $\widehat{\bigvee_\alpha x_\alpha} \geqq \hat{x}_\alpha$, d. h. $\widehat{\bigvee_\alpha x_\alpha} \geqq \bigvee_\alpha \hat{x}_\alpha$. Auf Grund der Normalität von $\hat{B}$ in $C_\infty(Q)$ gilt $\bigvee_\alpha \hat{x}_\alpha = \hat{y}$, $y \in B$. Nun folgt $\hat{y} \geqq \hat{x}_\alpha$, $y \geqq x_\alpha$, $y \geqq \bigvee_\alpha x_\alpha$, d. h. $\bigvee_\alpha \hat{x}_\alpha = \hat{y} = \widehat{\bigvee_\alpha x_\alpha}$ ∎.

Auf Grund von Satz 0.2' nennt man in einem bedingt vollständigen komplexen Vektorverband das Element

$$|x|: = \bigvee_{|a|=1} \mathrm{Re}\,(a\,x),\ a \text{ komplexe Zahl (s. auch U. KRENGEL [22])} \tag{0.31}$$

Betrag des Elementes x. Für reelle Elemente x in einem Vektorverband definiert man nach Satz 0.3 den Betrag von x durch

$$|x|: = x \vee o - x \wedge o = x \vee (-x)\,, \quad x \text{ reelles Element.} \tag{0.32}$$

Insbesondere folgt aus Satz 0.2′, daß diese Definitionen (0.31), (0.32) nicht zueinander im Widerspruch stehen.

Da sich die Ordnungsbeziehungen nur auf den reellen Raum B, die Spektralaussagen dagegen auf den komplexen Raum $\tilde{B}$ beziehen, werden wir, da keine Mißverständnisse auftreten können, B und $\tilde{B}$ mit demselben Symbol B bezeichnen.

0.8. Formelzusammenstellung

In diesem Abschnitt stellen wir Gleichungen und Abschätzungen auf, die aus den Darstellungssätzen 0.2, 0.3, 0.2′, 0.3′ folgen:
In den Formeln (0.33) bis (0.42) sind x, x', y, y', z, y_1, y_2 reelle Elemente; a reelle Zahl.

$$x = x \vee o + x \wedge o = x \vee o - (-x) \vee o \tag{0.33}$$

$$x + y = x \vee y + x \wedge y \tag{0.34}$$

$$|a\, x| = |a|\, |x| \tag{0.35}$$

$$|x + y| \leqq |x| + |y| \tag{0.36}$$

$$o = x \wedge y \Rightarrow |x + y| = |x - y| \tag{0.37}$$

$$|x \vee y - x' \vee y'| \leqq |x - x'| + |y - y'| \tag{0.38}$$

$$-|x - x'| \leqq y \vee x - y \vee x' \tag{0.39}$$

$$o \leqq y \Rightarrow |x \wedge o| \leqq |y - x| \tag{0.40}$$

$$\bigwedge_{\alpha \in A} (x - x_\alpha) = x - \bigvee_{\alpha \in A} x_\alpha \tag{0.41}$$

Ist $o \leqq z \leqq |x + y|$, so gilt für $y_1 := z \wedge |x|$, $y_2 := z - y_1$:

$$o \leqq y_1 \leqq |x|, \quad o \leqq y_2 \leqq |y|\,. \tag{0.42}$$

In den Formeln (0.43) bis (0.49) sind x, y, x_i, y_i komplexe Elemente; a, b komplexe Zahlen.

$$|a\, x| = |a|\, |x| \tag{0.43}$$

$$|x| \leqq |\mathrm{Re}\, x| + |\mathrm{Im}\, x| \tag{0.44}$$

$$|x + y| \leqq |x| + |y|\,, \quad |x| - |y| \leqq |x - y| \tag{0.45}$$

$$\Big|\sum_{i=1}^{n} y_i\Big| \leqq \sum_{i=1}^{n} |y_i| \tag{0.46}$$

$$|\mathrm{Im}\,(e^{i\Theta} x)| \leqq |x|\,, \quad \Theta \in [0, 2\pi] \tag{0.47}$$

$$\begin{aligned} |\mathrm{Re}\,(a\,x) - \mathrm{Re}\,(b\,x)| &\leqq |a - b|\,(|\mathrm{Re}\, x| + |\mathrm{Im}\, x|) \\ |\mathrm{Im}\,(a\,x) - \mathrm{Im}\,(b\,x)| &\leqq |a - b|\,(|\mathrm{Re}\, x| + |\mathrm{Im}\, x|) \end{aligned} \tag{0.48}$$

$$|x_i| \wedge |x_j| = o\ (i \neq j) \Rightarrow \Big|\sum_{i=1}^{n} x_i\Big| = \sum_{i=1}^{n} |x_i|\,. \tag{0.49}$$

(Bei diesen Formeln soll, wenn es für die Bildung des Betrages komplexer Elemente notwendig ist, der Raum B als bedingt vollständig angenommen werden.)

1. Einige Aussagen über BANACH-Verbände

1.1. Aussagen über BANACH-Verbände

Lemma 1.1.1. *Ist B ein BANACH-Verband mit normalem Kegel K, so kann man auf B eine äquivalente Norm einführen, die B zu einem AB-Verband macht. Insbesondere gilt in einem bedingt vollständigen AB-Verband*

$$\|x\| \leqq \|\,|x|\,\| \leqq 2\,\|x\| \quad \textit{für jedes } x \in B\,.$$

Beweis. Wir schließen uns dem Beweis von B. S. WULICH [56], S. 194 an. Wir zeigen zunächst, daß dieses Lemma für reelle BANACH-Verbände richtig ist und übertragen es dann auf komplexe BANACH-Verbände.
Es sei

$$\|x\|_0 := \sup_{0 \leqq y \leqq |x|} \|y\|\,, \quad \operatorname{Im} x = o\,. \tag{1.1.1}$$

Dann gilt:
1. Nach Formel (0.42) gibt es zu z, $o \leqq z \leqq |x + y|$ positive Elemente y_i $(i = 1,2)$ mit

$$\text{a) } z = y_1 + y_2\,, \qquad \text{b) } y_1 \leqq |x|\,, \quad y_2 \leqq |y|\,.$$

Hieraus folgt

$$\|x + y\|_0 = \sup_{0 \leqq z \leqq |x+y|} \|z\| = \sup_{\substack{0 \leqq y_1 \leqq |x|,\, 0 \leqq y_2 \leqq |y| \\ y_1 + y_2 = z \leqq |x+y|}} \|z\| \leqq \sup_{\substack{0 \leqq y_1 \leqq |x| \\ 0 \leqq y_2 \leqq |y|}} (\|y_1\| + \|y_2\|)$$

$$\leqq \sup_{0 \leqq y_1 \leqq |x|} \|y_1\| + \sup_{0 \leqq y_2 \leqq |y|} \|y_2\| = \|x\|_0 + \|y\|_0\,.$$

Ferner gilt für reelle Zahlen a wegen $|a\,x| = |a|\,|x|$ (s. (0.35))

$$\|a\,x\|_0 = \sup_{0 \leqq z \leqq |a\,x|} \|z\| = |a| \sup_{0 \leqq z' \leqq |x|} \|z'\| = |a|\,\|x\|_0\,.$$

Damit ist $\|\cdot\|_0$ eine Norm, und es gilt

$$\|x\|_0 = \|\,|x|\,\|_0 \tag{1.1.2}$$

$$\|x\|_0 \geqq \|x\| \quad \text{für} \quad x \geqq o\,. \tag{1.1.3}$$

Formel (1.1.2) zeigt die Eigenschaft (A) von Definition 0.4.
Nachweis der Eigenschaft (B): Es gilt für $o \leqq x \leqq y$

$$\|x\|_0 = \sup_{0 \leqq z \leqq x} \|z\| \leqq \sup_{0 \leqq z \leqq y} \|z\| = \|y\|_0\,.$$

Damit ist $B(\|\cdot\|_0)$ ein reeller normierter AB-Verband.

2. Es gilt nach (0.33) $x = x \vee o - (-x) \vee o$ und folglich nach (1.1.3)

$$\|x\| \leqq \|x \vee o\| + \|(-x) \vee o\| \leqq \|x \vee o\|_0 + \|(-x) \vee o\|_0\,.$$

Hieraus folgt wegen $x \vee o \leqq |x|$, $(-x) \vee o \leqq |x|$ nach Eigenschaft (B) und (1.1.2) sofort $\|x\| \leqq 2\|x\|_0$.

Auf Grund der Normalität des Kegels K erhalten wir für $o \leqq z$

$$\|z\|_0 = \sup_{0 \leqq w \leqq z} \|w\| \leqq C_0\|z\|\,, \quad \text{d. h.}$$

$$\|x\|_0 = \|x \vee o\|_0 + \|(-x) \vee o\|_0 \leqq C_0\,(\|x \vee o\| + \|(-x) \vee o\|)\,.$$

Da die Verbandsoperationen stetig sind, folgt

$$\|x\| \leqq 2\,\|x\|_0 \leqq 4\,M\,C_0\|x\|\,. \tag{1.1.4}$$

Nun erweitern wir die Betrachtungen auf komplexe BANACH-Verbände, wo die Norm immer durch $\|x + i\,y\| = \sup_{\Theta \in [0, 2\pi]} \|\mathrm{Im}\,(e^{-i\Theta}(x + i\,y))\|$ definiert war. Hieraus folgt

$$\|x + i\,y\| = \sup_{\Theta \in [0, 2\pi]} \|\mathrm{Im}\,(e^{-i\Theta}(x + i\,y))\| \leqq 2 \sup_{\Theta \in [0, 2\pi]} \|\mathrm{Im}\,(e^{-i\Theta}(x + i\,y))\|_0$$
$$= 2\,\|x + i\,y\|_0 \leqq 4\,M\,C_0 \sup_{\Theta \in [0, 2\pi]} \|\mathrm{Im}\,(e^{-i\Theta}(x + i\,y))\| = 4\,M\,C_0\,\|x + i\,y\|\,.$$

Ist B bedingt vollständig, so können wird den Betrag für alle $z \in B$ bilden und erhalten

$$\|z\|_0 = \sup_{\Theta \in [0, 2\pi]} \|\mathrm{Im}\,(e^{-i\Theta} z)\|_0 = \sup_{\Theta \in [0, 2\pi]} \||\mathrm{Im}\,(e^{-i\Theta} z)|\|_0$$
$$\leqq \||z|\|_0 \leqq (\||\mathrm{Re}\,z|\|_0 + \||\mathrm{Im}\,z|\|_0) \leqq 2\|z\|_0\,.$$

Damit ist Lemma 1.1.1 vollständig bewiesen ▌.

Auf Grund dieses Lemmas gelten für Aussagen auf AB-Verbänden entsprechende Aussagen für BANACH-Verbände mit normalem Kegel.

Zunächst geben wir einen Zusammenhang zwischen der schwachen Konvergenz und der Supremumsbildung an.

Definition 1.1.1. Ein gerichtetes System $\{h_\alpha\}_{\alpha \in A}$ heißt *zunehmend*, wenn gilt

$$\text{Zu } \alpha \in A \text{ existiert ein } \beta(\alpha) \in A \text{ mit } h_\alpha \leqq h_\beta \text{ für } \beta \geqq \beta(\alpha)\,. \tag{1.1.5}$$

Entsprechend definiert man *abnehmend* gerichtete Systeme.

Lemma 1.1.2. *Ist B ein* BANACH-*Verband, so gilt für zunehmend gerichtete Systeme* $\{h_\alpha\}_{\alpha \in A} \subseteqq B'$

$$\bigvee_{\alpha \in A} h_\alpha = h_0 \Leftrightarrow \sigma(B', B) - \lim_\alpha h_\alpha = h_0\,. \tag{1.1.6}$$

Eine entsprechende Aussage gilt für abnehmend gerichtete Systeme.

Beweis. Es sei $\bigvee_{\alpha \in A} h_\alpha = y$ oder $\sigma(B', B) - \lim_\alpha h_\alpha = z$. Da das gerichtete System $\{h_\alpha\}_{\alpha \in A}$ zunehmend ist, erhalten wir für $o \leqq x$

$$\sup_{\alpha \in A} h_\alpha(x) \leqq y(x) < + \infty \quad \text{oder} \quad \sup_{\alpha \in A} h_\alpha(x) \leqq z(x) < + \infty\,.$$

Für $o \leqq x$ ist das zunehmend gerichtete System $\{h_\alpha(x)\}_{\alpha \in A}$ gegen die Zahl $\sup_{\alpha \in A} h_\alpha(x)$ konvergent. Da wir nach (0.33) jedes komplexe Element x aus positiven Elementen aufbauen können $(\mathrm{Re}\,x = \mathrm{Re}\,x \vee o - (-\mathrm{Re}\,x) \vee o,\ \mathrm{Im}\,x = \mathrm{Im}\,x \vee o - (-\mathrm{Im}\,x) \vee o)$, ist $\{h_\alpha\}_{\alpha \in A}$ eine verallgemeinerte CAUCHY-Folge in der schwachen Topologie $\sigma(B', B)$. Es existiert folglich ein lineares Funktional h aus dem algebraischen Dual B^* mit

$$\sigma(B^*, B) - \lim_\alpha h_\alpha = h\,.$$

Da das System $\{h_\alpha\}_{\alpha \in A}$ zunehmend ist, ist $(h - h_\alpha)$ positiv und darum stetig (siehe [3]). Damit ist auch $h = (h - h_\alpha) + h_\alpha$ stetig, und es gilt

$$\sigma(B', B) - \lim_\alpha h_\alpha = h\,.$$

Wegen $\sup\limits_{\alpha \in A} h_\alpha(x) = h(x)$ für $o \leqq x$ erhalten wir

$$\bigvee_{\alpha \in A} h_\alpha = h\,, \qquad h = h_0 \;\blacksquare\,.$$

Definition 1.1.2. Es sei B ein bedingt vollständiger (komplexer) Vektorverband. Ein gerichtetes System $\{h_\alpha\}_{\alpha \in A}$, $h_\alpha \in B$ heißt gegen $h \in B$ *ordnungskonvergent*, wenn es ein abnehmend gerichtetes System $\{v_\beta\}_{\beta \in C}$ mit $\bigwedge\limits_{\beta \in C} v_\beta = o$ gibt, so daß gilt

$$\text{Zu } \beta \in C \text{ existiert ein } \alpha(\beta) \in A \text{ mit } |h - h_\alpha| \leqq v_\beta \quad \text{für alle } \alpha \geqq \alpha(\beta)\,. \tag{1.1.7}$$

Ein linearer Operator T heißt *ordnungsstetig*, wenn für jedes abnehmend gerichtete System $\{h_\alpha\}_{\alpha \in A}$ gilt

$$\bigwedge_{\alpha \in A} h_\alpha = o \Rightarrow \bigwedge_{\alpha \in A} |T\, h_\alpha| = 0\,. \tag{1.1.8}$$

Aus Lemma 1.1.2 und Definition 1.1.2 erhalten wir

Folgerung 1.1.1. Ist B ein AB-Verband und $T \in [B]$, $0 \leqq T$, so ist der adjungierte Operator T' ordnungsstetig.

Folgerung 1.1.2. Ist E ein normaler Teilraum eines bedingt vollständigen (komplexen) Vektorverbandes B, T ein linearer positiver ordnungsstetiger Operator auf B mit $T\,E \subseteqq E$, so gilt für die kleinste E enthaltende Komponente X_E

$$T\, X_E \subseteqq X_E\,. \tag{1.1.9}$$

Beweis von Folgerung 1.1.1. Ist $\{h_\alpha\}_{\alpha \in A}$, $h_\alpha \in B'$ ein abnehmend gerichtetes System, so folgt aus der Monotonie von T' (siehe (0.16)) diese Eigenschaft auch für das System $\{T'\, h_\alpha\}_{\alpha \in A}$. Es gilt nach Lemma 1.1.2

$$\bigwedge_{\alpha \in A} h_\alpha = o \Rightarrow \sigma(B', B) - \lim_\alpha h_\alpha = o \Rightarrow \sigma(B', B) - \lim_\alpha T'\, h_\alpha = o \Rightarrow \bigwedge_{\alpha \in A} T'\, h_\alpha = o \;\blacksquare.$$

Beweis von Folgerung 1.1.2. Nach (0.22) gilt für jedes positive Element $x \in X_E$ stets $x = \bigvee\limits_{y \in E} (x \wedge y)$ und das abnehmende gerichtete System $\{x - (x \wedge y)\}_{y \in E}$ ist gegen o ordnungsgkonverent. Damit ist wegen der Monotonie von T (siehe (0.16)) das gerichtete System $\{T\,x - T\,(x \wedge y)\}_{y \in E}$ gegen o ordnungskonvergent. Nach (0.41) gilt

$$T\,x - \bigvee_{y \in E} \big(T(x \wedge y)\big) = \bigwedge_{y \in E} \big(T\,x - T(x \wedge y)\big) = o$$

und folglich wegen $T(x \wedge y) \in E$ stets $T\,x \in X_E \;\blacksquare$.

Da wir für die später zu zeigenden Spektralaussagen über positive lineare Operatoren die von H. WIELANDT [55] angegebene Methode benutzen werden, ist es erforderlich, den folgenden Satz zu beweisen.

Satz 1.1.1. *Ist B ein bedingt vollständiger (komplexer) Vektorverband, so existiert zu jedem Element $x_0 \in B$ ein linearer invertierbarer Operator D mit*

$$|D\,x| = |x| = |D^{-1}\,x| \quad \textit{für alle } x \in B\,, \tag{a}$$

$$D|x_0| = x_0\,. \tag{b}$$

Es existiert ferner eine Schar von Projektionen Q_φ ($\varphi \in [0,2\pi]$) mit

$$0 \leqq Q_\varphi \leqq I\,, \quad 0 = Q_0\,, \quad I = Q_{2\pi}\,, \quad Q_\varphi \leqq Q_\psi \quad \text{für} \quad \varphi \leqq \psi\,, \tag{c}$$

$$D^n x = (I - [|x_0|])\, x + \int_0^{2\pi} e^{in\varphi}\, \mathrm{d}Q_\varphi\, ([|x_0|]\, x)\,, \quad n = 0, \pm 1, \ldots . \tag{d}$$

Das Integral konvergiert bezüglich der Ordnungskonvergenz als Grenzwert Riemannscher Summen Ist B ein AB-Verband, so erfolgt die Konvergenz in der Normtopologie.

Bezeichnet P die Projektion auf eine Komponente, so ist $P\,D = D\,P$. Ist B ein AB-Verband, so gilt $D \in [B]$, $\|D\| \leqq 2$ (unabhängig von B).

Beweis. Wir stellen nach Satz 0.2′ die Komponente $X_{|x_0|}$ als ein Fundament eines Raumes $C_\infty(Q)$ mit $|\hat{x}_0|(q) = 1$, $q \in Q$, dar. Die Funktion $\hat{x}_0(q) = e^{i\varphi(q)}$ ist also stetig. Wir bilden im Raum Q die Mengen

$$A_\varphi := \{q : \arg \hat{x}_0 \in (0, \varphi)\,, \quad \varphi \neq 0,2\pi\}$$

$$A_0 := \emptyset, \quad A_{2\pi} := Q\,.$$

Da der Raum Q extremal unzusammenhängend ist und die Mengen A_φ offen sind, sind die Mengen $\overline{A_\varphi}$ offen und abgeschlossen. Wir definieren nach Satz 0.2′ Projektionen Q_φ, $\varphi \in [0,2\pi]$ und den Operator D^n, $(n = 0, \pm 1, \ldots)$

$$\widehat{Q_\varphi x} := \chi_\varphi\, \hat{x} \qquad \text{für} \qquad x \in X_{|x_0|}\,,$$

$$(\widehat{D^n x})\,(q) := e^{in\varphi(q)}\, \hat{x}(q) \qquad \text{für} \qquad x \in X_{|x_0|} \qquad \text{und alle } q \text{ mit } |\hat{x}|\,(q) < +\infty$$

($\chi_\varphi \in C_\infty(Q)$ bezeichnet die charakteristische Funktion der Menge $\overline{A_\varphi}$). Die Definition von Q_φ ist wegen $|\chi_\varphi\, \hat{x}| \leqq |\hat{x}|$ nach Definition (0.30) der Normalität von $\hat{B}$ in $C_\infty(Q)$ möglich. Da Q extremal unzusammenhängend ist, ist die Menge $\{q : |\hat{x}|\,(q) = \infty\}$ nirgends dicht. Durch folgende Definition wird $\widehat{D^n x}$ auf ganz Q erklärt:

$$\widehat{D^n x} := \bigvee_{m=1}^{\infty} \{((\mathrm{Re}\, e^{in\varphi(q)}\, \hat{x}) \vee o) \wedge m\, 1\} - \bigvee_{m=1}^{\infty} \{((-\,\mathrm{Re}\, e^{in\varphi(q)}\, \hat{x}) \vee o) \wedge m\, 1\}$$
$$+\, i \left\{ \bigvee_{m=1}^{\infty} \{((\mathrm{Im}\, e^{in\varphi(q)}\, \hat{x}) \vee o) \wedge m\, 1\} - \bigvee_{m=1}^{\infty} \{((-\,\mathrm{Im}\, e^{in\varphi(q)}\, \hat{x}) \vee o) \wedge m\, 1\} \right\}.$$

Wegen $\widehat{D^n x}(q) = e^{in\varphi(q)}\, \hat{x}(q)$ für alle q mit $|\hat{x}|\,(q) < +\infty$ gilt $|\widehat{D^n x}| = |\hat{x}|$ und nach Satz 0.2′ ist $|x| = |D^n x|$. Es ist $D|x_0| = x_0$. Für eine genügend feine Unterteilung (φ_k) des Intervalls $[0,2\pi]$ gilt

$$\left| \sum_k e^{in\varphi_k} (\chi_{\varphi_k} - \chi_{\varphi_{k-1}}) - e^{in\varphi(q)} \right| \leqq e_n\,, \qquad o < e_n$$

und folglich für eine Funktion $\hat{x} \in C_\infty(Q)$

$$\left| \sum_k e^{in\varphi_k} (\chi_{\varphi_k} - \chi_{\varphi_{k-1}})\, \hat{x} - e^{in\varphi(q)}\, \hat{x}(q) \right| \leqq e_n\, |\hat{x}|\,(q) \qquad \text{für} \qquad |\hat{x}|\,(q) < +\infty\,. \tag{1.1.10}$$

Dann folgt nach Satz 0.2′ und (1.1.10)

$$\left| \sum_k e^{in\varphi_k} (Q_{\varphi_k} - Q_{\varphi_{k-1}})\, x - D^n x \right| \leqq e_n |x|\,.$$

Definieren wir für beliebiges $x \in B$ den Operator D^n durch (d), so gilt nach (1.1.11) sofort (a) — (d) für $x \in B$.

Jede Projektion P auf eine Komponente hat in $\hat{B}$ wegen $|P\,x| \wedge |(I-P)\,x| = 0$ die Gestalt $\widehat{P\,x} = \chi\,\hat{x}$; χ ist die charakteristische Funktion einer offenen und abgeschlossenen Menge. Hieraus folgt die Vertauschbarkeit solcher Projektionen. Da wegen $|P\,x| \leqq |x|$ (siehe Lemma 2.1.2) jede solche Projektion ordnungsstetig ist, folgt schließlich

$$P\,D\,x = P\,(I - [|x_0|])\,x + P\int_0^{2\pi} e^{i\varphi}\,dQ_\varphi([|x_0|]\,x)$$

$$= (I - [|x_0|])\,P\,x + \int_0^{2\pi} e^{i\varphi}\,dQ_\varphi([|x_0|]\,P\,x) = D\,P\,x, \qquad P\,D = D\,P\,.$$

Ist B ein AB-Verband, so kann man nach Lemma 1.1.1 eine äquivalente Norm mit $||x|| \leqq |||x||| \leqq 2||x||$ einführen. Damit gilt $D \in [B]$ und $||D|| \leqq 2$ (unabhängig von D). Damit ist Satz 1.1.1 bewiesen ▮.

Bemerkung 1.1.1. Für einen beliebigen Vektorverband ist Satz 1.1.1 nicht richtig. Dazu betrachten wir im Raum $C([0,1])$ die Funktion $e^{i|t-1/2|^{-1}}\,|t-1/2| \in C([0,1])$. Der Existenz des Operators D von Satz 1.1.1 würde dann die Existenz der linearen Abbildung

$$C([0,1]) \ni f(t) \to e^{i|t-1/2|^{-1}} f(t) \in C([0,1])$$

entsprechen. Offenbar ist aber für $f(t) = 1$ die Funktion $e^{i|t-1/2|^{-1}}$ nicht stetig.

Bemerkung 1.1.2. Eine schwächere Aussage als Satz 1.1.1 zeigt U. KRENGEL in [22]. Er zeigte mit elementaren Mitteln, daß in einem (komplexen) AB-Verband B der Raum $\left\{\sum_{i=1}^{n} \alpha_i\, x_i,\ \alpha_i \text{ komplexe Zahlen, Im } x_i = 0,\ |x_i| \wedge |x_j| = 0 \text{ für } j \neq i\right\}$ eine dichte Menge ist.

1.2. Der Raum $\sqcap$ B

Im folgenden erweitern wir die von *S. K.* BERBERIAN [4] für einen HILBERT-Raum H angestellten Betrachtungen auf AB-Verbände. Es sei B ein AB-Verband. Dann bezeichne $K(B)$ den linearen Raum aller Folgen (x_i), $x_i \in F$, mit $\overline{\lim}\,||x_i|| < \infty$ ($\overline{\lim} = \lim\sup$). Ferner sei N der lineare Raum aller Folgen (x_i) aus $K(B)$ mit $\overline{\lim}\,||x_i|| = 0$. Dann ist auf Grund der Eigenschaft des $\overline{\lim}$ der Quotientenraum $K(B)/N$ (siehe G. KÖTHE [17], S. 53), mit der Norm

$$||(x_i) + N|| := \overline{\lim}\,||x_i|| \tag{1.2.1}$$

ein normierter Raum und folglich dessen Vervollständigung ein BANACH-Raum. Diesen Raum bezeichnen wir mit $\sqcap$ B. Durch die lineare Abbildung

$$x \to (x_i) + N\,, \qquad x_i = x \tag{1.2.2}$$

wird wegen $||(x_i) + N|| = \overline{\lim}\,||x|| = ||x||$ der Raum B isometrisch in den Raum $\sqcap$ B eingebettet.

Unter einem BANACH-*Limes* (siehe N. DUNFORD–J. T. SCHWARTZ [10], S. 73) versteht man ein lineares stetiges Funktional F auf dem Raum l^∞ aller beschränkten Zahlenfolgen (η_n) mit folgenden Eigenschaften:

1) $F((\eta_1, \eta_2, \ldots)) = F((\eta_2, \eta_3, \ldots))$,

2) $F((\eta_1, \eta_2, \ldots)) \geqq 0$ für $\eta_n \geqq 0$ $(n = 1, 2, \ldots)$

3) Ist die Folge (η_n) konvergent, so gilt
$F((\eta_1, \eta_2, \ldots)) = \lim_{n\to\infty} \eta_n$.

Bezeichnet BL einen BANACH-Limes und definieren wir

$$M: = \{(x_i) \in K(B) : BL\|x_i\| = 0\},$$

so ist M ein linearer Teilraum von $K(B)$. Wie oben erhalten wir durch Vervollständigung des Quotientenraumes $K(B)/M$ mit der Norm

$$\|(x_i) + M\|: = BL\|x_i\| \tag{1.2.3}$$

einen BANACH-Raum, den wir ebenfalls mit $\sqcap B$ bezeichnen. Er heiße durch den BANACH-Limes BL erzeugt; anderenfalls heiße $\sqcap B$ durch den $\overline{\lim}$ erzeugt.

Für unsere Zwecke ist es notwendig, noch eine Aussage über den dualen Raum $(\sqcap B)'$ zu kennen.

Ist (F_i) ein Element von $K(B')$ und BL ein BANACH-Limes, so können wir (F_i) durch die Definition

$$\langle (F_i), (x_i) + N \rangle: = BL\, F_i(x_i) \tag{1.2.4}$$

bzw.

$$\langle (F_i), (x_i) + M \rangle: = BL\, F_i(x_i) \quad (BL \text{ definiere hier den Raum } M) \tag{1.2.5}$$

als ein Element von $(\sqcap B)'$ auffassen. Es ist $\|(F_i)\|_{(\sqcap B)'} \leqq \overline{\lim}\, \|F_i\|$. Wir setzen $(F) = F$. Es sei bemerkt, daß die hier angegebene Einbettung von $K(B')$ in $(\sqcap B)'$ von dem benutzten BANACH-Limes abhängt. Innerhalb gewisser Rechnungen sei dieser deshalb als fest angenommen.

Für beide Definitionen des Raumes $\sqcap B$ gilt folgende Aussage:

Satz 1.2.1. *Ist B ein AB-Verband, so ist auch $\sqcap B$ mit der durch B auf $\sqcap B$ induzierten Ordnung ein AB-Verband.*
Durch die Abbildung $x \to (x) + N$ wird B in $\sqcap B$ isometrisch und ordnungsisomorph eingebettet.

Beweis. Für die Menge

$$K_0: = \{(x_i) + N: \text{ Es existiere ein } (y_i) \in (x_i) + N \text{ mit } o \leqq y_i\}$$

sind in dem Raum $K(B)/N$ die Kegeleigenschaften (1)—(3) (siehe Definition 0.1) erfüllt:

$$K_0 + K_0 \subseteqq K_0\,, \quad (1) \qquad e\, K_0 \subseteqq K_0\, (0 \leqq e)\,, \quad (2) \qquad K_0 \cap - K_0 = \{o\}\,. \quad (3)$$

Wir brauchen nur die Eigenschaft (3) zu zeigen:

Es sei $(|x_i|) + N = -(|y_i|) + N$, d. h. $(|x_i| + |y_i|) + N = 0$. Hieraus folgt

$$\overline{\lim}\, \|\, |x_i|\, \| \leqq \overline{\lim}\, \|\, |x_i| + |y_i|\, \| = 0\,, \qquad (|x_i|) + N = 0\,.$$

Wir zeigen, daß $K(B)/N$ ein Vektorverband ist. Dazu zeigen wir

$$((x_i) + N) \vee ((y_i) + N) = (x_i \vee y_i) + N\,. \tag{1.2.6}$$

Es sei $(x_i) + N$, $(y_i) + N \leqq (z_i) + N$. Dann gibt es Repräsentanten $(x_i') \in (x_i) + N$, $(y_i') \in (y_i) + N$ mit $x_i' \leqq z_i$, $y_i' \leqq z_i$. Hieraus folgt $x_i' \vee y_i' \leqq z_i$, $(x_i' \vee y_i') + N \leqq$ $\leqq (z_i) + N$. Ist nun $(x_i \vee y_i) + N = (x_i' \vee y_i') + N$, so erhalten wir $(x_i \vee y_i) + N$ als kleinste obere Schranke, d. h. als Supremum, von $(x_i) + N$, $(y_i) + N$. Diese Aussage folgt aus Formel (0.38)

$$|x_i \vee y_i - x_i' \vee y_i'| \leqq |x_i - x_i'| + |y_i - y_i'|\,,$$

$$\overline{\lim}\, ||x_i \vee y_i - x_i' \vee y_i'|| \leqq \overline{\lim}\, ||x_i - x_i'|| + \overline{\lim}\, ||y_i - y_i'|| = 0\,.$$

Insbesondere folgt durch die gleiche Abschätzung

$$||((x_i) + N) \vee ((y_i) + N) - ((v_i) + N) \vee ((w_i) + N)|| \leqq$$
$$||((x_i) + N) - ((v_i) + N)|| + ||((y_i) + N) - ((w_i) + N)||$$

die Stetigkeit der Supremumsbildung und $K(B)/N$ ist ein normierter Vektorverband. Wir zeigen, daß $K(B)/N$ ein normierter AB-Verband ist.

Beweis der Eigenschaft (A): Es gilt nach (1.2.6)

$$||(x_i) + N|| = \overline{\lim}\, ||x_i|| = \overline{\lim}\, ||\, |x_i|\, || = ||\, |(x_i) + N|\, ||\,.$$

Beweis der Eigenschaft (B): Ist $o \leqq (x_i) + N \leqq (y_i) + N$, $o \leqq x_i, y_i$, so gilt nach (1.2.6) $(y_i \wedge x_i - x_i) \in N$, d. h.

$$||(x_i) + N|| = ||(x_i \wedge y_i) + N|| = \overline{\lim}\, ||x_i \wedge y_i|| \leqq \overline{\lim}\, ||y_i|| = ||(y_i) + N||\,.$$

Nach dem nach Definition 0.4 zitierten Satz ist $\sqcap B$ ein AB-Verband. Wird $\sqcap B$ durch einen BANACH-Limes erzeugt, so erfolgt der Beweis analog ∎.

Bemerkung 1.2.1. $\sqcap B$ ist genau dann ein BANACH-Verband, wenn B einen normalen Kegel besitzt.

Beweis. Ist der Kegel K nicht normal, so gibt es positive Elemente $x_i, y_i \in K$ mit $\left\|\frac{x_i}{||x_i||} + y_i\right\| \leqq \frac{1}{i}$, $||y_i|| \leqq 2$. Folglich würde, wenn B auf $\sqcap B$ eine Halbordnung induzierte,

$$o \leqq \left(\frac{x_i}{||x_i||}\right) + N \leqq \left(\frac{x_i}{||x_i||} + y_i\right) + N = o\,, \qquad \left(\frac{x_i}{||x_i||}\right) + N = o$$

gelten. Dies ist ein Widerspruch. Besitzt B einen normalen Kegel, so ist $\sqcap B$ nach Lemma 1.1.1 und Satz 1.2.1 ein BANACH-Verband ∎.

Ist B ein AB-Verband und $T \in [B]$, so können wir wegen $T\,N \subseteqq N$, $T\,M \subseteqq M$ den Operator T durch

$$T((x_i) + N) := (T\,x_i) + N \quad \text{bzw.} \quad T((x_i) + M) := (T\,x_i) + M$$

auf $K(B)/N$ bzw. $K(B)/M$ und folglich auf $\sqcap B$ erweitern.
Es ist $T|B \geqq 0 \Rightarrow T|\sqcap B \geqq 0$.

Der folgende Satz macht Spektralaussagen über die Operatoren $T \in [B]$, $T \in [\sqcap B]$. Diese wurden für den Fall, daß B ein HILBERT-Raum ist und $\sqcap B$ durch einen BANACH-Limes erzeugt wird, in [4] bewiesen.

Satz 1.2.2. Es gilt

(a) $T \in [B] \Rightarrow T \in [\sqcap B]$,

(b) $||T||_B = ||T||_{\sqcap B}$, $r_\sigma(T|B) = r_\sigma(T|\sqcap B)$, $\sigma_R(T|B) = \sigma_R(T|\sqcap B)$,

(c) $a \in \sigma_R(T|B) \Rightarrow a \in \sigma_p(T|\sqcap B)$, $T\,x = a\,x$ mit $0 \neq x \in K(B)/N$ (bzw. $K(B)/M$),

(d) ist $z = z_0$ ein Pol der Resolvente $R_z(T|B)$, so ist $z = z_0$ auch Pol von $R_z(T|\sqcap B)$,

(e) $||R_z(T)||_B \leqq M_0\,(z - r_\sigma)^{-1} \Rightarrow ||R_z(T|\sqcap B)||_{\sqcap B} \leqq M_0\,(z - r_\sigma)^{-1}$, $(z > r_\sigma)$.

Beweis. Der Beweis erfolgt analog dem in [4]. Wir wollen nur den Beweis für (a) und (c) als typische Fälle durchführen.

(a) Es ist $||T((x_i) + N)|| = \overline{\lim}\, ||T\,x_i|| \leqq \overline{\lim}\, ||T||\, ||x_i|| = ||T||\, ||(x_i) + N||$.

(c) Nach N. DUNFORD — J. T. SCHWARTZ [10], S. 566—567, gibt es eine Folge $x_i \in B$ mit $||R_{z_i}\, x_i||\, ||x_i||^{-1} \to \infty$ für $z_i \to a$, $|z_i| > r_\sigma$.
Dann folgt für $y_i := R_{z_i}\, x_i\, ||R_{z_i}\, x_i||^{-1}$ sofort

$$(T - a\,I)\,y_i = -\frac{x_i}{||R_{z_i}\,x_i||} + (z_i - a)\,y_i\,, \quad \text{d. h.} \quad (T - a\,I)\,((y_i) + N) = o\,.$$

Wird $\sqcap B$ durch einen BANACH-Limes erzeugt, so erfolgt der Beweis analog ∎.

Beispiel 1.2.1. Wir bestimmen zur Anwendung das Spektrum des Operators $(U\,f)\,(x) := f(x - h)$ auf dem Raum $H := L^2((-\infty, +\infty))$. U ist ein unitärer Operator und es gilt folglich $\sigma(U) \subseteqq \{z : |z| = 1\}$. Es sei $U\,f_0 = a\,f_0$, $f_0 \in \sqcap H$. Wir definieren zunächst auf $K(H)/N$ und dann durch stetige Fortsetzung auf $\sqcap H$ den Operator

$$e^{i\lambda x}\,f := (e^{i\lambda x}\,f_k) + N\,, \qquad f = (f_k) + N\,, \qquad \lambda \text{ reelle Zahl.}$$

Dann gilt auf $K(H)/N$ und folglich durch stetige Fortsetzung auf $\sqcap H$

$$U(e^{i\lambda x}\,f) = e^{-i\lambda h}\,e^{i\lambda x}\,U\,f\,, \qquad \text{d. h.} \qquad U(e^{i\lambda x}\,f_0) = (a\,e^{-i\lambda h})\,(e^{i\lambda x}\,f_0)\,.$$

Damit ist

$$\sigma_p(U|\sqcap H) = \sigma(U|H) = \{z : |z| = 1\}\,.$$

1.3. Einige Aussagen über spezielle BANACH-Verbände

Um später einen Satz über die spezielle Gestalt von Eigenvektoren beweisen zu können (siehe Satz 2.3.1), benötigen wir folgenden Begriff:

Definition 1.3.1 (siehe G. KÖTHE [17], S. 356). Ein normierter Raum heißt *uniform konvex*, wenn aus $||x_n|| \leqq 1$, $||y_n|| \leqq 1$ und $\lim\limits_{n\to\infty} ||x_n + y_n|| = 2$ stets $\lim\limits_{n\to\infty} ||x_n - y_n|| = 0$ folgt.

Als Beispiele für diese Raumklassen findet man in [17] die AB-Verbände l^p, $L^p_{(1<p<\infty)}$.

Im folgenden Lemma sei der Raum $\sqcap B$ durch den $\overline{\lim}$ erzeugt.

Lemma 1.3.1. *Ist B ein AL-Verband oder ein uniform konvexer AB-Verband, so gilt für zwei positive Elemente $x, y \in \sqcap B$ mit*

$$x = (x_i) + N\,, \qquad y = (y_i) + N\,, \qquad \|x_i\| = 1\,, \qquad y \neq o$$
$$\|x + y\| > 1\,.$$

Beweis. Angenommen es sei $\|x + y\| = 1$ für $y \neq 0$. Es gilt

$$x + y \geqq \frac{(x + y) + x}{2} \geqq x\,, \qquad \|x_i\| = 1\,,$$
$$\overline{\lim}\,\|x_i - x_i \vee o\| = \overline{\lim}\,\|y_i - y_i \vee o\| = 0\,.$$

Hieraus folgt nach Eigenschaft (B) von Definition 0.4.

$$1 = \left\|\frac{(x + y) + x}{2}\right\| = \overline{\lim}\left\|\frac{(x_i \vee o + y_i \vee o) + x_i \vee o}{2}\right\|$$
$$= \lim_{i \to \infty}\left\|\frac{(x_i \vee o + y_i \vee o) + x_i \vee o}{2}\right\| \geqq \lim_{i \to \infty}\|x_i \vee o\| = 1\,,$$

d. h., es gilt nach Definition 1.3.1

$$\lim_{i \to \infty}\left\|\frac{(x_i \vee o + y_i \vee o) - x_i \vee o}{2}\right\| = \lim_{i \to \infty}\left\|\frac{y_i \vee o}{2}\right\| = \frac{1}{2}\,\|y\| = 0\,.$$

Dies ist ein Widerspruch zu $y \neq o$.
In einem AL-Verband gilt

$$\|x + y\| = \overline{\lim}\,\|x_i + y_i\| = \overline{\lim}\,\|x_i \vee o + y_i \vee o\| = \overline{\lim}\,(\|y_i \vee o\| + \|x_i \vee o\|)$$
$$= \overline{\lim}\,(\|y_i\| + \|x_i\|) = \overline{\lim}\,(1 + \|y_i\|) = 1 + \|y\|\,.$$

Damit erhalten wir wegen $y \neq o$ auch für einen AL-Verband einen Widerspruch ∎.

Lemma 1.3.2. *Es sei B ein AB-Verband und $x_0 \in K$. Der lineare Raum*

$$B_\sim(x_0) := \{x \in B : |\mathrm{Re}\, x| + |\mathrm{Im}\, x| \leqq M(x)\, x_0\,, \quad M(x) \text{ reelle Zahl}\} \tag{1.3.1}$$

ist mit der Norm

$$\|x\|_\sim := \inf_{|\mathrm{Im}\,(e^{-i\Theta} x)| \leqq e x_0,\ \Theta \in [0, 2\pi]} e \tag{1.3.2}$$

ein AB-Verband, und es gilt $\|x\| \leqq \|x\|_\sim \|x_0\|$. Ist B bedingt vollständig, so ist es auch $B_\sim(x_0)$.

Beweis. Aus den Formeln (0.35), (0.36) folgt

$$|\mathrm{Im}\,(e^{-i\Theta}(x + y))| \leqq |\mathrm{Im}\,(e^{-i\Theta} x)| + |\mathrm{Im}\,(e^{-i\Theta} y)|\,,$$
$$|\mathrm{Im}\,(e^{-i\Theta} a\, x)| = |a|\, |\mathrm{Im}\,(e^{i(-\Theta + \Theta_0)} x)|\,, \qquad \Theta_0 = \arg a\,.$$

Hieraus folgt nach (1.3.2) $\|x + y\|_\sim \leqq \|x\|_\sim + \|y\|_\sim$, $\|a\, x\|_\sim = |a|\, \|x\|_\sim$. Damit ist $\|\cdot\|_\sim$ eine Norm. Da $B(\|\cdot\|)$ ein AB-Verband ist, gilt nach (1.3.2)

$$\|x\| = \sup_{\Theta \in [0, 2\pi]} \|\mathrm{Im}\,(e^{-i\Theta} x)\| = \sup_{\Theta \in [0, 2\pi]} \|\,|\mathrm{Im}\,(e^{-i\Theta} x)|\,\| \leqq \|x\|_\sim\, \|x_0\|\,.$$

Wir zeigen, daß $B_\sim(x_0)$ ein BANACH-Raum ist. Es sei (x_k) eine CAUCHY-Folge aus $B_\sim(x_0)$, d. h.

$$|\mathrm{Im}\, e^{-i\Theta}(x_k - x_j)| \leqq e_{k,j}\, x_0\,, \qquad \lim_{k, j \to \infty} e_{k,j} = 0\,.$$

Hieraus folgt wegen $||x|| \leqq ||x||_\sim \, ||x_0||$, daß (x_k) auch eine CAUCHY-Folge in B ist: $x_k \xrightarrow{||\cdot||} y_0$. Aus der Stetigkeit der Verbandsoperationen bekommen wir

$$|\operatorname{Im} e^{-i\Theta}(x_k - y_0)| \leqq \overline{\lim_j}\, e_{j,k}\, x_0 \,, \qquad \Theta \in [0,2\pi]$$

$$||x_k - y_0||_\sim \to 0 \,, \qquad y_0 \in B_\sim(x_0) \,.$$

Wir haben noch zu zeigen, daß $B_\sim(x_0)$ ein AB-Verband ist. Es gilt für reelle Elemente x wegen $|\operatorname{Im} e^{-i\Theta} x| \leqq |x|$ (s. (0.47))

$$||x||_\sim = \inf_{|x| \leqq e x_0} e \,.$$

Hieraus folgt $||\,|x|\,||_\sim = ||x||_\sim$ und folglich (A) von Definition 0.4. Offenbar ist die Norm $||\cdot||_\sim$ monoton, und es gilt die Eigenschaft (B). Ist $B(||\cdot||)$ bedingt vollständig, so ist es auch der normale Teilraum $B_\sim(x_0)$ von $B(||\cdot||)$ ∎.

2. Aussagen über die Zyklizität des Randspektrums

In diesem Abschnitt zeigen wir sowohl Aussagen über das Rand-Punktspektrum als auch über allgemeines Randspektrum. Die Forderung der Vollstetigkeit des Operators benötigen wir nicht. Bei der Untersuchung des Rand-Punktspektrums brauchen wir an die BANACH-Verbände keine weiteren Forderungen zu stellen. Dagegen müssen wir im allgemeinen Fall fordern, daß der BANACH-Verband B einen normalen Kegel besitzt bzw. ein AB-Verband ist (siehe Lemma 1.1.1). Diese Einschränkung ergibt sich aus der von uns benutzten und auf den Sätzen 1.2.1, 1.2.2 beruhenden Methode der Zurückführung des Randspektrums auf Rand-Punktspektrum in dem umfassenderen Raum $\sqcap B$. Wir benutzen zwei Methoden, um die Zyklizität des Rand-Punktspektrums bzw. des Randspektrums zu zeigen. Die erste Methode zur Untersuchung des Rand-Punktspektrums beruht auf der Existenz eines geeigneten positiven Eigenvektors zum Wert $z = r_\sigma$ für den adjungierten Operator T'. Wir geben Bedingungen an, die in den Beweisen die Existenz dieses Eigenvektors gewährleisten (siehe Satz 2.1.1 und die Folgerungen 2.2.1, 2.2.2). Da diese Bedingungen unabhängig vom Ausgangsraum B und Erweiterungsraum $\sqcap B$ formuliert werden können, erhalten wir sowohl Aussagen über das Rand-Punktspektrum als auch das Randspektrum. Der mit der zweiten Methode bewiesene Satz 2.2.3 beruht auf einer Forderung an die Gestalt des Spektrums in der komplexen Zahlenebene.

Am Schluß dieses Abschnitts beweisen wir eine Aussage über die Gestalt und Dimension der Eigenräume N_{T-aI}, $a \in \sigma_R(T) \cap \sigma_p(T)$.

2.1. Vorbereitende Aussagen

Lemma 2.1.1. *Es sei a eine komplexe Zahl,* $|a| = 1$. *Dann gibt es eine Folge* (n_j) *natürlicher Zahlen mit*

$$|a^{n_j} - 1| \to 0 \,, \qquad n_j \neq 0 \,. \tag{2.1.1}$$

Beweis. Es sei $a = e^{i\varphi}$, $\varphi \in [0,2\pi]$. Die Beziehung (2.1.1) ist äquivalent zu folgender Ungleichung

$$|n_j \varphi - 2\pi k_j| \leqq e_j \,, \qquad e_j \to 0,\ n_j,\ k_j \text{ natürliche Zahlen, oder}$$

$$\left|\alpha - \frac{k_j}{n_j}\right| \leqq \frac{e_j}{2\pi n_j} \,, \qquad \alpha := \frac{\varphi}{2\pi} \,, \qquad n_j \neq 0 \,. \tag{2.1.2}$$

Ist α eine rationale Zahl, so ist (2.1.2) für geeignete natürliche Zahlen k_j, n_j ($n_j \neq 0$) erfüllt.

Ist α eine irrationale Zahl, so gibt es nach dem „Satz über diophantische Approximation von irrationalen Zahlen" (siehe O. PERRON [37], S. 128) natürliche Zahlen k_j, n_j ($n_j \to \infty$) mit

$$\left|\alpha - \frac{k_j}{n_j}\right| < \frac{c}{n_j^2}, \qquad c \text{ positive Zahl.}$$

Setzt man nun $e_j := 2\pi \frac{c}{n_j}$, so ist (2.1.2) und folglich (2.1.1) bewiesen ▮.

Satz 2.1.1. *Es sei T ein linearer stetiger positiver Operator auf einem* BANACH-*Verband B und $o \neq x_0 \in N_{T-aI}$, ($|a| = 1$). Dann gilt:*

(a) *Es existiert eine nichtnegative Zahl $\lambda \in \sigma(T)$ mit $\lambda \geqq |a|$.*

(b) *Genügt die Resolvente $R_z(T)$ der Wachstumsbedingung*
$$\|R_z(T)\| \leqq M_0(z - r_\sigma)^{-1}, \quad z > r_\sigma(T) = 1 = |a|,$$
so existieren zu $z = r_\sigma$ positive Eigenvektoren F_0 und u_0 für T' und T'', und es gilt
(b₁) $u_0 \geqq |\mathrm{Re}\, x_0| \vee |\mathrm{Im}\, x_0|$, $T'' u_0 = r_\sigma u_0$,
(b₂) $F_0(|\mathrm{Re}\, x_0| + |\mathrm{Im}\, x_0|) \neq 0$, $T' F_0 = r_\sigma(T) F_0$.

Beweis. 1. Wir zeigen zunächst

$$(z-1) R_z(T)(|\mathrm{Re}\, x_0| + |\mathrm{Im}\, x_0|) \geqq |\mathrm{Re}\, x_0| \vee |\mathrm{Im}\, x_0|, \quad z > \inf_{(b,\infty) \subseteq \varrho(T)} b \tag{2.1.3}$$

Es sei nach Lemma 2.1.1 $|a^{n_j} - 1| \to 0$, $n_j \neq 0$. Wir definieren Elemente $[x_0]_n$, z_n

$$[x_0]_n := \bigvee_{k=0}^{n-1} \mathrm{Re}(a^k x_0) \vee \bigvee_{k=0}^{n-1} \mathrm{Im}(a^k x_0), \quad z_n := \bigvee_{k=1}^{n-1} \mathrm{Re}(a^k x_0) \vee \bigvee_{k=1}^{n-1} \mathrm{Im}(a^k x_0). \tag{2.1.4}$$

Nach Formel (0.18) gilt $T \bigvee_\alpha y_\alpha \geqq \bigvee_\alpha T y_\alpha$, d. h.

$$T[x_0]_n \geqq \bigvee_{k=0}^{n-1} T\, \mathrm{Re}(a^k x_0) \vee \bigvee_{k=0}^{n-1} T\, \mathrm{Im}(a^k x_0).$$

Da wir die Operatoren T, Re und T, Im miteinander vertauschen können (siehe (0.28)), erhalten wir wegen $T x_0 = a x_0$

$$\begin{aligned} T[x_0]_n &\geqq \bigvee_{k=1}^{n} \mathrm{Re}(a^k x_0) \vee \bigvee_{k=1}^{n} \mathrm{Im}(a^k x_0) = z_n \vee \mathrm{Re}(a^n x_0) \vee \mathrm{Im}(a^n x_0) \\ &= [x_0]_n + (z_n \vee \mathrm{Re}(a^n x_0) \vee \mathrm{Im}(a^n x_0) - z_n \vee \mathrm{Re}(a^n x_0) \vee \mathrm{Im}\, x_0) \\ &\quad + (z_n \vee \mathrm{Im}\, x_0 \vee \mathrm{Re}(a^n x_0) - z_n \vee \mathrm{Im}\, x_0 \vee \mathrm{Re}\, x_0). \end{aligned}$$

Hieraus folgt nach Formel (0.39)

$$T[x_0]_n \geqq [x_0]_n - |\mathrm{Re}(a^n - 1) x_0| - |\mathrm{Im}(a^n - 1) x_0|$$

und nach (0.48)

$$T[x_0]_n \geqq [x_0]_n - 2|a^n - 1|(|\mathrm{Re}\, x_0| + |\mathrm{Im}\, x_0|). \tag{2.1.5}$$

Für $z > r_\sigma(T)$ gilt nach (0.17) $R_z(T) \geqq 0$.

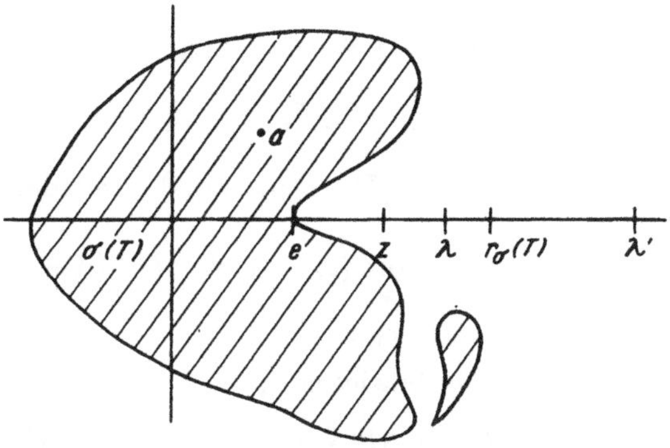

Abb. 1

Es liege nun $(e, r_\sigma(T)]$ in der Resolventenmenge $\varrho(T)$.
Dann folgt (siehe [10], S. 566)

$$R_z(T) = \sum_{n=0}^{\infty} R_\lambda^{n+1} (\lambda - z)^n \geqq 0 , \qquad \lambda \geqq z , \qquad z \in (e, r_\sigma(T)] .$$

Nun folgt aus der Monotonie des Operators $R_z(T)$ (siehe (0.16)) und (2.1.5)

$$R_z(T)\, T[x_0]_n \geqq R_z(T)\, [x_0]_n - 2\, |a^n - 1|\, R_z(T)\, (|\mathrm{Re}\, x_0| + |\mathrm{Im}\, x_0|)$$

und wegen $T\, R_z(T) = -I + z\, R_z(T)$

$$(z - 1)\, R_z(T)\, [x_0]_n \geqq [x_0]_n - 2\, |a^n - 1|\, R_z(T)\, (|\mathrm{Re}\, x_0| + |\mathrm{Im}\, x_0|) .$$

Nun gilt nach (0.48) $[x_0]_n \leqq (|\mathrm{Re}\, x_0| + |\mathrm{Im}\, x_0|)$ und nach (2.1.4) $[x_0]_n \geqq [x_0]_m$ für $n \geqq m$. Damit erhalten wir wegen $a^{n_j} \to 1$ und der Monotonie von $R_z(T)$

$$(z - 1)\, R_z(T)\, (|\mathrm{Re}\, x_0| + |\mathrm{Im}\, x_0|) \geqq [x_0]_{n_{j_0}} .$$

Da auch $-x_0$ Eigenvektor von T zu $z = a$ ist, folgt nun wegen $\mathrm{Re}\, z \vee (-\mathrm{Re}\, z) = |\mathrm{Re}\, z|$

$$(z - 1)\, R_z(T)\, (|\mathrm{Re}\, x_0| + |\mathrm{Im}\, x_0|) \geqq [x_0]_{n_{j_0}} \vee [-x_0]_{n_{j_0}} \geqq |\mathrm{Re}\, x_0| \vee |\mathrm{Im}\, x_0| .$$

2. Da die Formel (2.1.3) für $z = 1$ einen Widerspruch liefert, existiert eine positive Zahl $\lambda_0 \geqq 1 = |a|$ mit $\lambda_0 \in \sigma(T)$.

Nach dem Satz von Alaoglu (siehe [10], S. 424) sind die Kugeln in B' stets $\sigma(B', B)$-kompakt. Da die Menge $\{(z_i - 1)\, R_{z_i}(T')\, G_0,\ G_0 \in K^*,\ z_i \downarrow 1,\ z_i \leqq 2\}$ nach Bedingung (b) beschränkt ist, ist die Menge $\{((z_i - 1)\, R_{z_i}(T')\, G_0, z_i)\}$ in der Produkttopologie $B' \times [1, 2]$ relativ kompakt und besitzt einen Häufungspunkt der Form $(F_0, 1)$, $F_0 \in B'$. Es gibt also ein gegen eins konvergentes gerichtetes System $\{z_\alpha\}_{\alpha \in A}$ und ein $F_0 \in K^*$ mit

$$\sigma(B', B) - \lim_{\alpha}\, (z_\alpha - 1)\, R_{z_\alpha}(T')\, G_0 = F_0 . \tag{2.1.6}$$

Wählen wir $G_0\, (|\mathrm{Re}\, x_0| \vee |\mathrm{Im}\, x_0|) > 0$, so folgt nach (2.1.3)

$$\begin{aligned} F_0(|\mathrm{Re}\, x_0| + |\mathrm{Im}\, x_0|) &= \lim_{\alpha} G_0\, ((z_\alpha - 1)\, R_{z_\alpha}(T)\, (|\mathrm{Re}\, x_0| + |\mathrm{Im}\, x_0|)) \\ &\geqq G_0\, (|\mathrm{Re}\, x_0| \vee |\mathrm{Im}\, x_0|) > 0 , \qquad F_0 \neq 0 . \end{aligned}$$

Es gilt ferner

$$T' F_0 = \sigma(B', B) - \lim_{\alpha} (z_\alpha - 1)\, T' R_{z_\alpha}(T')\, G_0$$
$$= \sigma(B', B) - \lim_{\alpha} \left(-(z_\alpha - 1)\, G_0 + z_\alpha (z_\alpha - 1)\, R_{z_\alpha}(T')\, G_0\right) = F_0 .$$

Analog sind die Kugeln in B'' stets $\sigma(B'', B')$-kompakt und man erhält auf analoge Weise

$$T'' u_0 = u_0 = \sigma(B'', B') - \lim_{\alpha} (z'_\alpha - 1)\, R_{z'_\alpha}(T'')\, (|\mathrm{Re}\, x_0| + |\mathrm{Im}\, x_0|)$$
$$\geqq |\mathrm{Re}\, x_0| \vee |\mathrm{Im}\, x_0| . \qquad (2.1.7)$$

Damit ist Satz 2.1.1 vollständig bewiesen. ∎.

Bemerkung 2.1.1. Es sei B ein AB-Verband und $T \in [B]$, $0 \leqq T$. Dann gilt

$$r_\sigma(T) \in \sigma(T) .$$

Beweis. Diese Aussage folgt sofort aus Satz 1.2.2 und Satz 2.1.1 (a) ∎.

Definition 2.1.1 (siehe [22]). Es sei B ein bedingt vollständiger (komplexer) Vektorverband. Ein linearer Operator A von B in sich heißt *majorisierbar*, wenn ein positiver linearer Operator T mit

$$|A\, x| \leqq T|x| , \qquad x \in B \qquad (2.1.8)$$

existiert.

Wie in [22], [56] können wir zeigen, daß der lineare Raum aller majorisierbaren Operatoren ein bedingt vollständiger (komplexer) Vektorverband mit dem Kegel aller positiven linearen Operatoren ist. Für (reelle) lineare majorisierbare Operatoren A_1, A_2 gilt

$$\left.\begin{aligned} (A_1 \vee A_2)\, x &= \bigvee_{0 \leqq x' \leqq x} (A_1 x' + A_2 (x - x')) , \\ (A_1 \wedge A_2)\, x &= \bigwedge_{0 \leqq x' \leqq x} (A_1 x' + A_2 (x - x')) . \end{aligned}\right\} \qquad (2.1.9)$$

Wie in Abschnitt 0.7 dargelegt wurde, kann man für (komplexe) lineare majorisierbare Operatoren A einen absoluten Betrag $|A|$ definieren (siehe auch [22]):

$$|A| = \bigvee_{|a| = 1} \mathrm{Re}\,(a\, A) , \qquad (a \text{ komplexe Zahl}) . \qquad (2.1.10)$$

Lemma 2.1.2. *Es sei B ein (archimedisch geordneter) Vektorverband und T ein linearer Operator von B in sich. Dann gilt*

$$|T\, x| \leqq T|x| ; \qquad \mathrm{Im}\, x = o , \qquad 0 \leqq T . \qquad (2.1.11)$$

Ist B bedingt vollständig, so gilt

$$|T\, x| \leqq |T|\, |x| ; \qquad x \in B , \qquad T \text{ majorisierbar} . \qquad (2.1.12)$$

Ist B ein Banach-Verband und $\mathrm{F} \in B'$ aus der komplexen linearen Hülle $\mathcal{L}$ des Raumes $K^* - K^*$, so ist

$$|F(x)| \leqq |F|(|x|) . \qquad (2.1.13)$$

Beweis. Es sei zunächst $0 \leqq T$, $\mathrm{Im}\, x = o$. Dann folgt nach (0.33)

$$T\, x = T\,(x \vee o - (-x) \vee o) \leqq T\,(x \vee o + (-x) \vee o) = T|x| ,$$

d. h.

$$|T\, x| = T\, x \vee (-T\, x) \leqq T|x| .$$

Nun sei B bedingt vollständig. Wir zeigen zunächst $|T\,x| \leqq 4\,|T|\,|x|$. Es gilt

$$\operatorname{Re}(T\,x) = ((\operatorname{Re} T) \vee 0) \operatorname{Re} x - ((-\operatorname{Re} T) \vee 0) \operatorname{Re} x - ((\operatorname{Im} T) \vee 0) \operatorname{Im} x + ((-\operatorname{Im} T) \vee 0) \operatorname{Im} x\,.$$

Es ist nach Definition des Betrages $\pm \operatorname{Re} T \leqq |T|$, $\pm \operatorname{Im} T \leqq |T|$, $|\operatorname{Re} x| \leqq |x|$, $|\operatorname{Im} x| \leqq |x|$ und folglich $(\pm \operatorname{Re} T) \vee 0 \leqq |T|$, $(\pm \operatorname{Im} T) \vee 0 \leqq |T|$. Damit erhalten wir nach (2.1.11)

$$\operatorname{Re}(T\,x) \leqq 2\,|T|\,|\operatorname{Re} x| + 2\,|T|\,|\operatorname{Im} x| \leqq 4\,|T|\,|x|\,.$$

Es gilt nach Formel (1.1.11) in B bzw. in dem bedingt vollständigen Vektorverband aller majorisierbaren Operatoren

$$\Big|\sum_n a_n P_n|x| - x\Big| \leqq e_n|x|\,, \qquad P_n|x| \wedge P_m|x| = o \quad \text{für } n \neq m\,, \qquad |a_n| = 1\,,$$

$$\Big|\sum_n b_n Q_n|T| - T\Big| \leqq E_n|T|\,, \qquad Q_n|T| \wedge Q_m|T| = 0 \quad \text{für } n \neq m\,, \qquad |b_n| = 1\,.$$

P_n, Q_n sind Projektionen auf B bzw. im Raum aller majorisierbaren linearen Operatoren. Nun erhalten wir nach (0.45), (0.43)

$$\begin{aligned}
|T\,x| &\leqq \Big|\Big(T - \sum_n b_n Q_n\,|T|\Big)\,x\Big| + \Big|\Big(\sum_n b_n Q_n|T|\Big)\,x\Big| \\
&\leqq 4\,E_n\,|T|\,|x| + \Big|\Big(\sum_n b_n Q_n\,|T|\Big)\Big(x - \sum_n a_n P_n\,|x|\Big)\Big| + \Big|\Big(\sum_n b_n Q_n|T|\Big) \sum_n a_n P_n\,|x|\Big| \\
&\leqq 4\,(E_n + e_n)\,|T|\,|x| + \Big|\sum_{n,k} a_n b_k\, Q_k\,|T|\,P_n\,|x|\Big| \\
&\leqq 4\,(E_n + e_n)\,|T|\,|x| + \sum_{n,k} |a_n b_k\, Q_k\,|T|\,P_n\,|x|| \\
&\leqq 4\,(E_n + e_n)\,|T|\,|x| + \sum_k Q_k\,|T| \sum_n P_n\,|x| = 4\,(E_n + e_n)\,|T|\,|x| + |T|\,|x|\,.
\end{aligned}$$

Da nun E_n, e_n beliebig klein gewählt werden können, erhalten wir

$$|T\,x| \leqq |T|\,|x|\,.$$

Der Raum $\mathcal{L}$ ist ein bedingt vollständiger Vektorverband. Durch den gleichen Beweis erhalten wir dann (2.1.13) ▮.

Lemma 2.1.3. *Es seien D, D^{-1}, T lineare Operatoren auf einem bedingt vollständigen Vektorverband B in sich mit*

$$0 \leqq T\,, \qquad |D\,x| \leqq |x|\,, \qquad |D^{-1}\,x| \leqq |x|\,, \qquad (x \in B)\,.$$

Dann folgt für $T_D := a^{-1}\,D^{-1}\,T\,D = A + i\,B$, $|a| = 1$, $\operatorname{Im} A = \operatorname{Im} B = 0$

$$A \leqq T\,, \qquad |B| = B \vee (-B) \leqq \frac{T - A}{|\sin\Theta|} + \frac{(1 - \cos\Theta)}{|\sin\Theta|}\,T\,, \qquad \pi \neq \Theta \in (0, 2\pi)\,. \quad (2.1.14)$$

Beweis. Es gilt für $0 \leqq x$, $|b| = 1$

$$(\operatorname{Re} b\,T_D)\,x = \operatorname{Re}(b\,T_D\,x) \leqq |\operatorname{Re}(b\,T_D\,x)| \leqq |b\,T_D\,x| = |T\,D\,x|\,.$$

Hieraus folgt nach Lemma (2.1.2)

$$(\operatorname{Re} b\,T_D)\,x \leqq T|D\,x| = T\,x\,, \qquad \text{d. h.} \qquad \operatorname{Re}(b\,T_D) \leqq T\,.$$

Damit erhalten wir

$$|T_D| = \bigvee_{|b|=1} \operatorname{Re}(b\, T_D) \leqq T\,.$$

Es ist folglich

$$T \geqq |T_D| = \bigvee_{\Theta \in [0,2\pi]} (A\cos\Theta + B\sin\Theta) \geqq A\cos\Theta + B\sin\Theta\,,\ \Theta \in [0,2\pi]\,. \quad (2.1.15)$$

Es gilt für $\Theta = 0$

$$T \geqq A = \operatorname{Re}(a^{-1} D^{-1} T D)\,, \quad (2.1.16)$$

und weiter nach (2.1.15)

$$\frac{T - A\cos\Theta}{\sin\Theta} \geqq B \quad \text{für } \sin\Theta > 0\,, \qquad \frac{T - A\cos\Theta}{\sin\Theta} \leqq B \quad \text{für } \sin\Theta < 0\,.$$

Damit folgt

$$|B| = B \vee (-B) \leqq \frac{T - A\cos\Theta}{|\sin\Theta|}\,, \qquad \Theta \in (0,2\pi)\,, \qquad \Theta \neq \pi\,,$$

und nach (2.1.16)

$$|B| \leqq \frac{T - A}{|\sin\Theta|} + A\,\frac{(1-\cos\Theta)}{|\sin\Theta|} \leqq \frac{T - A}{|\sin\Theta|} + \frac{(1-\cos\Theta)}{|\sin\Theta|}\, T \,\blacksquare.$$

Lemma 2.1.4. *Es sei T ein linearer positiver Operator auf einem bedingt vollständigen Vektorverband B mit*

$$T x_0 = a\, x_0\,, \qquad T|x_0| = |a|\,|x_0| = |x_0|\,.$$

Dann gilt für einen linearen Operator D mit $|D x| = |D^{-1} x| = |x|$, $D|x_0| = x_0$

(a) $$T x = a^{-1} D^{-1} T D x \quad \textit{für} \quad |x| \leqq M\,|x_0|$$

(b) $$T D^l |x_0| = a^l D^l |x_0| \quad \textit{für} \quad l = 0, \pm 1, \ldots\,.$$

Beweis. Es gilt für $T_D := a^{-1} D^{-1} T D = A + i\,B$

$$T_D\,|x_0| = a^{-1} D^{-1} T x_0 = |x_0| = T\,|x_0| = A\,|x_0|\,, \qquad A = \operatorname{Re} T_D\,.$$

Hieraus folgt nach Lemma 2.1.2, Lemma 2.1.3 für $|x| \leqq M\,|x_0|$

$$|(T - A)\,x| \leqq (T - A)\,|x| \leqq M\,(T - A)\,|x_0| = o\,, \qquad T x = A x\,. \quad (2.1.17)$$

Damit erhalten wir nach Lemma 2.1.2, Lemma 2.1.3

$$|B x| \leqq |B|\,|x| \leqq \frac{(1-\cos\Theta)}{|\sin\Theta|}\, T\,|x|\,, \quad (2.1.18)$$

d. h.

$$|B x| \leqq \left(\bigwedge_{\pi \neq \Theta \in (0,2\pi)} \frac{(1-\cos\Theta)}{|\sin\Theta|}\right) T\,|x| = o\,, \qquad B x = o\,, \qquad T x = T_D\, x\,. \quad (2.1.19)$$

Die Aussage (b) erhält man durch wiederholte Anwendung von (a):

$$T D^n\,|x_0| = a\,D\,(a^{-1} D^{-1} T D)\,D^{n-1}\,|x_0| = a\,D\,T\,D^{n-1}\,|x_0| = \cdots = a^n D^n\,|x_0|\,,$$
$$o \leqq n\,. \quad (2.1.20)$$

Es gilt für $|x| \leqq M_0|x_0|$ stets $T x = a^{-1} D^{-1} T D x$. Setzen wir nun $D x = y$, so folgt $T y = a\,D\,T\,D^{-1}\,y$ für $|y| \leqq M_0\,|x_0|$. Damit erhalten wir für $n \geqq 0$

$$T D^{-n}\,|x_0| = a^{-1} D^{-1} (a\,D\,T\,D^{-1})\,D^{-n+1}\,|x_0| = a^{-1} D^{-1}\,T\,D^{-n+1}\,|x_0| = \cdots$$
$$= a^{-n} D^{-n}\,|x_0| \,\blacksquare. \quad (2.1.21)$$

Lemma 2.1.5. *Es sei T ein positiver linearer stetiger Operator auf einem AL-Verband B* mit $||T|| = r_\sigma(T) = 1$. *Ist* $o \neq x_0 \in N_{T-aI}$, $a \in \sigma_R(T)$, *so existieren Funktionale* $o \neq G_l \in B'$ *mit* $T' G_l = a^l G_l$ $(l = 0, \pm 1, \ldots)$.

Beweis. Nach Theorem 1 in M. M. DAY [9], S. 107 ist jeder AL-Verband bedingt vollständig. Es gilt nach Lemma 2.1.2

$$T x_0 = a x_0 , \qquad |x_0| = |T x_0| \leqq T |x_0|$$

und folglich

$$|| |x_0| || \geqq ||T |x_0| || = ||T |x_0| - |x_0| || + || |x_0| || ,$$

d. h.

$$T |x_0| = |x_0| .$$

Hieraus folgt nach Lemma 2.1.4, Satz 1.1.1

$$T D^l |x_0| = a^l D^l |x_0| \qquad (l = 0, \pm 1, \ldots) .$$

Es ist für $|z| > r_\sigma(T)$

$$||R_z(T)|| \leqq \sum_{n=0}^{\infty} |z|^{-n-1} ||T^n|| \leqq \sum_{n=0}^{\infty} |z|^{-n-1} = (|z| - 1)^{-1} .$$

Wir erhalten wie beim Beweis von Satz 2.1.1 durch Anwendung des Satzes von ALAOGLU für Funktionale $F_l \in B'$ mit $F_l (D^l |x_0|) \neq 0$

$$G_l : = \sigma(B', B) - \lim_{\alpha} (|z_{\alpha,l}| - 1) R_{z_{\alpha,l}}(T') F_l$$

mit $|z_{\alpha,l}| > 1$, $z_{\alpha,l} \to a^l$ sofort

$$T' G_l = a^l G_l \neq o , \qquad G_l (D^l |x_0|) = a^{-l} F_l (D^l |x_0|) \neq 0 \blacksquare.$$

2.2. Aussagen über die Zyklizität des Randspektrums

Satz 2.2.1. *Es sei B ein* BANACH-*Verband und* $T \in [B]$, $0 \leqq T$. *Es seien* $x_0 \in B$, $F_0 \in K^*$ *Eigenvektoren mit*

$$T x_0 = a x_0 \left(a \in \sigma_R(T)\right) , \qquad T' F_0 = r_\sigma F_0 , \qquad F_0 (|\mathrm{Re}\, x_0| + |\mathrm{Im}\, x_0|) \neq 0 .$$

Dann gilt

$$r_\sigma H(a r_\sigma^{-1}) \subseteqq \sigma_p(T') , \qquad (r_\sigma(T) \neq 0) .$$

Beweis. Es sei $r_\sigma(T) = 1$ und

$$B_1 : = \{x : F_0 (|\mathrm{Re}\, x| + |\mathrm{Im}\, x|) = 0\} .$$

Dann ist B_1 nach (0.30) ein normaler abgeschlossener Teil-BANACH-Verband von B. Es gilt $T B_1 \subseteqq B_1$. Dazu sei $x \in B_1$. Dann folgt nach (0.28) und Lemma 2.1.2

$$F_0 (|\mathrm{Re}\, T x| + |\mathrm{Im}\, T x|) = F_0 (|T \,\mathrm{Re}\, x| + |T \,\mathrm{Im}\, x|) \leqq F_0 \left(T (|\mathrm{Re}\, x| + |\mathrm{Im}\, x|)\right)$$
$$= r_\sigma F_0 (|\mathrm{Re}\, x| + |\mathrm{Im}\, x|) = 0 , \qquad T x \in B_1 .$$

Wegen $T B_1 \subseteqq B_1$ können wir T auf dem Quotientenraum B/B_1 erklären

$$T (x + B_1) : = T x + B_1$$

und B/B_1 ist mit der üblichen Norm ein BANACH-Raum

$$||x + B_1|| : = \inf_{y \in x + B_1} ||y|| , \qquad \text{(siehe G. KÖTHE [17], S. 131).}$$

Es gilt nach Voraussetzung $T(x_0 + B_1) = a(x_0 + B_1) \neq o$. Nun führen wir auf B/B_1 die Norm

$$\|x + B_1\|_0 := F_0(|\mathrm{Re}\, x| + |\mathrm{Im}\, x|)$$

ein. Da die Verbandsoperationen in der Ausgangsnorm stetig waren, folgt wegen $\|x\| \geqq \mathrm{Max}(\|\mathrm{Re}\, x\|, \|\mathrm{Im}\, x\|)$, (siehe (0.29))

$$\|x + B_1\|_0 \leqq \inf_{y \in x + B_1} (\|F_0\| (\| |\mathrm{Re}\, y| \| + \| |\mathrm{Im}\, y| \|))$$

$$\leqq M \|F_0\| \inf_{y \in x + B_1} (\|\mathrm{Re}\, y\| + \|\mathrm{Im}\, y\|) \leqq 2\, M \|F_0\| \inf_{y \in x + B_1} \|y\| ,$$

d. h.

$$\|x + B_1\|_0 \leqq M_0 \|x + B_1\| .$$

Es ist $B/B_1 (\|\cdot\|_0)$ ein normierter AL-Verband mit dem Kegel

$$K_0 := \{x + B_1 : \text{ Es existiert ein } y \in K \cap (x + B_1)\} .$$

Es ist K_0 ein Kegel mit den Eigenschaften (1)—(3) von Definition 0.1. $B/B_1 (\|\cdot\|_0)$ ist dann ein normierter AB-Verband mit

$$(x + B_1) \vee (y + B_1) = (x \vee y) + B_1 .$$

Der Beweis dieser Aussagen ist der gleiche wie der Beweis von Satz 1.2.1. Ist $x + B_1 \geqq o$, $y + B_1 \geqq o$, so können wir $x \geqq o$, $y \geqq o$ annehmen und erhalten

$$\|(x + B_1) + (y + B_1)\|_0 = F_0(x + y) = F_0(x) + F_0(y) = \|x + B_1\|_0 + \|y + B_1\|_0 .$$

Damit ist $B/B_1 (\|\cdot\|_0)$ ein normierter AL-Verband. Nach einem nach Definition 0.4 zitierten Satz ist die Vervollständigung $\mathfrak{B}$ von $B/B_1 (\|\cdot\|_0)$ bezüglich der Norm $\|\cdot\|_0$ ein AL-Verband. Wir zeigten oben

$$\|T x\|_0 = F_0(|\mathrm{Re}\, T x| + |\mathrm{Im}\, T x|) \leqq r_\sigma F_0(|\mathrm{Re}\, x| + |\mathrm{Im}\, x|) = r_\sigma \|x\|_0 .$$

Damit können wir T stetig auf $\mathfrak{B}$ mit $\|T|\mathfrak{B}\| = r_\sigma(T|\mathfrak{B})$ erweitern. Schränken wir die nach Lemma 2.1.5 existierenden Eigenvektoren $G_l \in \mathfrak{B}'$ auf $B/B_1 (\|\cdot\|)$ ein, so folgt wegen

$$|G_l(x + B_1)| \leqq \|G_l\|_{\mathfrak{B}'} \|x + B_1\|_0 \leqq M_0 \|G_l\|_{\mathfrak{B}'} \|x + B_1\| ,$$

$$o \neq G_l \in (B/B_1 (\|\cdot\|))' , \qquad T' G_l = a^l G_l .$$

Wir setzen nun

$$W_l(x) := G_l(x + B_1)$$

und erhalten

$$|W_l(x)| \leqq M_0 \|G_l\|_{\mathfrak{B}'} \|x + B_1\| \leqq M_0 \|G_l\|_{\mathfrak{B}'} \|x\| ,$$

d. h.

$$o \neq W_l \in B' , \qquad T' W_l = a^l W_l \; ▮ .$$

Folgerung 2.2.1. Es sei B ein BANACH-Verband und $T \in [B]$, $0 \leqq T$ mit $\|R_z(T)\| \leqq M_0 (z - r_\sigma)^{-1}$ für $z > r_\sigma$. Dann gilt:

(a) $a \in \sigma_p(T) \cap \sigma_R(T) \Rightarrow r_\sigma H(a\, r_\sigma^{-1}) \subseteqq \sigma_p(T')$.

(b) Ist B ein AB-Verband, so ist das Randspektrum $\sigma_R(T)$ zyklisch.

Beweis. Die Folgerung ergibt sich sofort aus den Sätzen 2.1.1, 2.2.1, 1.2.1. ∎

Folgerung 2.2.2. Es sei B ein BANACH-Verband und $T \in [B]$, $0 \leqq T$. Ist $z = r_\sigma(T)$ ein Pol der Resolvente $R_z(T)$, so gilt:

(a) $a \in \sigma_p(T) \cap \sigma_R(T) \Rightarrow r_\sigma H(a r_\sigma^{-1}) \subseteqq \sigma_R(T)$.

(b) Ist B ein AB-Verband, so ist das Randspektrum $\sigma_R(T)$ zyklisch.

Beweis. Auf Grund von Satz 1.2.1 brauchen wir nur die Aussage (a) zu beweisen. Es bezeichne $[x]_1 := |\mathrm{Re}\, x| + |\mathrm{Im}\, x|$ und für $T x_0 = a x_0 \neq 0$, $a \in \sigma_R(T)$, X den folgenden abgeschlossenen Teil-BANACH-Verband von B:

$$X = \overline{Y}\,, \quad Y := \{x \in B : [x]_1 \leqq M(x) R_{z_0}[x_0]_1\,,\ z_0 > r_\sigma(T)\}\,.$$

Y ist ein normaler Vektorverband. Dann ist X ein BANACH-Verband. Dazu müssen wir zeigen, daß für $x, y \in X$ auch $x \vee y \in X$ gilt. Nach Formel (0.34) genügt es, $x \wedge y \in X$ zu zeigen: Ist nämlich $x_i \in Y$, $y_i \in Y$ mit $\mathrm{Im}\, x_i = \mathrm{Im}\, y_i = 0$, $x_i \xrightarrow[i\to\infty]{} x$, $y_i \xrightarrow[i\to\infty]{} y$, so folgt auf Grund der Stetigkeit der Abbildungen Im, $\wedge$ und $x_i \wedge y_i \in Y$ sofort $x \wedge y \in X$, $\mathrm{Im}\, x = \mathrm{Im}\, y = 0$. Es gilt nach (0.28) und Lemma 2.1.2 für $x \in Y$

$$[T x]_1 = |T\, \mathrm{Re}\, x| + |T\, \mathrm{Im}\, x| \leqq T[x]_1$$

und folglich wegen der Monotonie von $0 \leqq T$

$$[T x]_1 \leqq T[x]_1 \leqq M(x)\, T R_{z_0}[x_0]_1 = M(-I + z_0 R_{z_0})\,[x_0]_1 \leqq z_0 M R_{z_0}[x_0]_1\,, \quad T x \in Y\,,$$

d. h.

$$T X \subseteqq X\,.$$

T ist ein positiver linearer stetiger Operator auf X mit dem Kegel $X \cap K$. Es gelte in einer Umgebung von $z = r_\sigma(T)$

$$R_z(T) = R_{-n_0}(z - r_\sigma)^{-n_0} + \cdots$$

und

$$R_{-n_0}[x_0]_1 = \cdots = R_{-n_1}[x_0]_1 = 0\,, \qquad R_{-n_1+1}[x_0]_1 \neq 0\,.$$

Es gilt (siehe (0.17)) $R_z(T) \geqq 0$ für $z > r_\sigma(T)$ und folglich

$$R_{-n_0}(T|X) = \lim_{z \downarrow r_\sigma} (z - r_\sigma)^{n_0} R_z(T|X)\,, \qquad R_{-n_0}(T|X) \geqq 0\,. \tag{2.2.1}$$

Hieraus erhalten wir für $x \in Y$

$$0 \leqq R_{-n_0}(T|X)\,[x]_1 \leqq M R_{z_0} R_{-n_0}(T|X)\,[x_0]_1 = 0\,, \qquad R_{-n_0}(T|X)' = 0\,.$$

Durch Wiederholung dieses Schlusses erhalten wir

$$R_{-n_0}(T|X) = \cdots = R_{-n_1}(T|X) = 0\,, \quad R_{-n_1+1}(T|X) \geqq 0\,, \quad R_{-n_1+1}(T|X) \neq 0\,.$$

Nach (2.1.3) folgt $n_1 - 1 \geqq 1$. Wir wählen $F \in (X \cap K)^*$ mit $R_{-n_1+1}(T|X)' F = G$, $G([x_0]_1) \neq 0$. Es ist

$$(T|X)' G = r_\sigma G\,, \qquad r_\sigma(T|B) = r_\sigma(T|X)\,, \qquad G \in (X \cap K)^*\,.$$

Nun folgt nach Satz 2.2.1 ($r_\sigma \neq 0$)

$$r_\sigma H(a r_\sigma^{-1}) \subseteqq \sigma_p((T|X)') \subseteqq \sigma_R(T|X) \subseteqq \sigma_R(T|B) = \sigma_R(T)\ ∎\,.$$

Bemerkung 2.2.1. Ein Beispiel soll zeigen, daß man mit Hilfe von Satz 2.2.1 die Aussage (a) der Folgerung 2.2.2 nicht zu der von Folgerung 2.2.1 (a) verschärfen kann.

Es sei

$$T_0 = \left(\begin{array}{cccc|cccc} 1 & 1 & 1 & 1 & 0 & 0 & 0 & 0 \\ 0 & 1 & 1 & 1 & 0 & 0 & 0 & 0 \\ 0 & 0 & 0 & 1 & 0 & 0 & 0 & 0 \\ 0 & 0 & 1 & 0 & 0 & 0 & 0 & 0 \\ \hline 1 & 1 & 1 & 1 & 1 & 1 & 1 & 1 \\ 1 & 1 & 1 & 1 & 0 & 1 & 1 & 1 \\ 1 & 1 & 1 & 1 & 0 & 0 & 0 & 1 \\ 1 & 1 & 1 & 1 & 0 & 0 & 1 & 0 \end{array}\right) \in [R^8] .$$

Dann gilt $\sigma(T_0) = \{1, -1\}$[1]), $x_0 := (0, 0, 0, 0, 0, 0, 1, -1) \in N_{T_0+I}$

$$N_{T_0'-I} = \{\lambda(0, 0, 1, 1, 0, 0, 0, 0), \lambda \in R\}$$

und $F_0(|x_0|) = 0$ für $x_0 \in N_{T_0+I}$, $F_0 \in N_{T_0'-I}$.

Die Voraussetzungen für den Satz 2.2.1 können etwas abgeschwächt werden. Es gehen jedoch dadurch Aussagen über das Punktspektrum verloren.

Satz 2.2.2. *Es sei B ein bedingt vollständiger* BANACH-*Verband und* $T \in [B]$, $0 \leqq T$. *Existiert zu* $x_0 \in N_{T-aI}$, $a \in \sigma_R(T)$ *ein* $F_0 \in K^*$ *mit*

$$0 < \sup_n F_0(r_\sigma^{-n} T^n |x_0|) < +\infty ,$$

so gilt

$$r_\sigma H(a\, r_\sigma^{-1}) \subseteqq \sigma(T) , \qquad (r_\sigma \neq 0) .$$

Beweis. Es sei $r_\sigma = 1$. Da die wegen $|x_0| \leqq T|x_0| \leqq \cdots$ monotone Folge $(F_0(T^n|x_0|))$ konvergent ist, können wir durch Ersetzung von F_0 durch $T'^{n_0} F_0$

$$F_0\left((T^n - I)\,|x_0|\right) \leqq e\, F_0(|x_0|) \; ; \quad n = 0, 1, 2, \ldots , \quad n_0 = n_0(e) , \quad F_0(|x_0|) \neq 0$$

annehmen. Ist $a^{-n} D^{-1} T^n D = A_n + i\, B_n$, $\operatorname{Im} A_n = \operatorname{Im} B_n = 0$, so gilt für den nach Satz 1.1.1 zum Element x_0 konstruierten Operator D nach Lemma 2.1.3

$$|B_n| \leqq \frac{T^n - A_n}{|\sin \Theta|} + T^n \frac{(1 - \cos \Theta|)}{|\sin \Theta|} , \qquad \pi \neq \Theta \in (0, 2\pi) . \tag{2.2.2}$$

Damit folgt wegen $A_n|x_0| = |x_0|$

$$F_0(|B_n|\, |x_0|) \leqq \left(e\, |\sin^{-1} \Theta| + (1 + e)\,(1 - \cos \Theta)\, |\sin^{-1} \Theta|\right) F_0(|x_0|)$$

---

[1]) Für einen Operator der Form $T = \begin{pmatrix} T_1 & 0 \\ T_2 & T_3 \end{pmatrix}$ gilt $R_z(T) = \begin{pmatrix} R_z(T_1) & 0 \\ R_z(T_3)\, T_2\, R_z(T_1) & R_z(T_3) \end{pmatrix}$. Für eine Matrix T besteht die Resolventenmenge $\varrho(T)$ aus den Punkten, wo $R_z(T)$ holomorph ist, d. h. $\sigma(T_1) \cup \sigma(T_3) = \sigma(T)$ und $\varrho(T_1) \cup \varrho(T_3) = \varrho(T)$. Nun ist das Spektrum $\sigma(T_0)$ mit Hilfe der in obigem Schema angegebenen Hilfslinien einfach zu bestimmen.

und für geeignete kleine Werte e, Θ $(\sin\Theta \sim \Theta \sim \sqrt{e})$

$$F_0(|B_n|\,|x_0|) \leqq 4\sqrt{e}\,F_0(|x_0|)\,,$$

$$F_0(|T^n - (A_n + i\,B_n)|\,|x_0|) \leqq (4\sqrt{e} + e)\,F_0(|x_0|) \leqq 5\sqrt{e}\,F_0(|x_0|)\,,$$

$$\begin{aligned} F_0(|T^n - a^{-nl}\,D^{-l}\,T^n\,D^l|\,|x_0|) &\leqq \sum_{k=0}^{l-1} F_0(|a^{-nk}\,D^{-k}\,\{T^n - a^{-n}\,D^{-1}\,T^n\,D\}\,D^k|\,|x_0|) \\ &\leqq 5\,l\sqrt{e}\,F_0(|x_0|)\,. \end{aligned}$$

Hieraus erhalten wir nach Lemma 2.1.2

$$\begin{aligned} F_0\big(|(T^n - a^{-nl}\,D^{-l}\,T^n\,D^l)\,|x_0||\big) &\leqq F_0(|T^n - a^{-nl}\,D^{-l}\,T^n\,D^l|\,|x_0|) \\ &\leqq 5\,l\sqrt{e}\,F_0(|x_0|)\,. \end{aligned}$$

Es gilt damit für $z > 1 = r_\sigma(T)$

$$\begin{aligned} F_0(|R_z|x_0| - a^{-l}\,D^{-l}\,R_{za^l}\,D^l|x_0||) &= F_0\left(\left|\sum_{n=0}^{\infty} z^{-n-1}\,(T^n - a^{-nl}\,D^{-l}\,T^n\,D^l)\,|x_0|\right|\right) \\ &\leqq F_0\left(\sum_{n=0}^{\infty} z^{-n-1}\,|(T^n - a^{-nl}D^{-l}T^n D^l)\,|x_0||\right) \leqq 5\sqrt{e}\,l\,F_0(|x_0|)\,(z-1)^{-1} \end{aligned}$$

und wegen $|x| - |y| \leqq |x - y|$ (siehe (0.45))

$$F_0(R_z|x_0|) - F_0(|a^{-l}\,D^{-l}\,R_{za^l}\,D^l|x_0||) \leqq 5\sqrt{e}\,l\,F_0(|x_0|)\,(z-1)^{-1}\,. \tag{2.2.3}$$

Wir erhalten nach Lemma 2.1.2 sofort $|T^k\,x_0| = |x_0| \leqq T^k|x_0|$, $k = 0, 1, 2, \ldots$ und folglich für $z > 1 = r_\sigma(T)$

$$R_z|x_0| = \sum_{n=0}^{\infty} z^{-n-1}\,T^n|x_0| \geqq (z-1)^{-1}\,|x_0|\,. \tag{2.2.4}$$

Aus (2.2.3), (2.2.4) folgt für $0 < f := (1 - 5\sqrt{e}\,l)$

$$\begin{aligned} f\,(z-1)^{-1}\,F_0(|x_0|) &\leqq F_0(|a^{-l}\,D^{-l}\,R_{za^l}\,D^l|x_0||) = F_0(|R_{za^l}\,D^l|x_0||) \leqq \\ &\leqq F_0\big(|\mathrm{Re}\,(R_{za^l}\,D^l|x_0|)| + |\mathrm{Im}\,(R_{za^l}\,D^l|x_0|)|\big)\,. \end{aligned}$$

Da die Verbandsoperation $y \to |y|$, $\mathrm{Im}\,y = o$ stetig ist, folgt wegen $||x|| \geqq \geqq \mathrm{Max}\,(||\mathrm{Re}\,x||, ||\mathrm{Im}\,x||)$

$$\begin{aligned} f\,(z-1)^{-1}\,F_0(|x_0|) &\leqq M||F_0||\,(||\mathrm{Re}\,(R_{za^l}\,D^l|x_0|)|| + ||\mathrm{Im}\,(R_{za^l}\,D^l|x_0|)||) \\ &\leqq 2\,M||F_0||\,||D^l|x_0||\,||R_{za^l}||\,. \end{aligned}$$

Damit gilt

$$r_\sigma\,H(a\,r_\sigma^{-1}) \subseteqq \sigma_R(T)\;\blacksquare\,.$$

Folgerung 2.2.3. Es gelte für einen linearen positiven Operator T auf einem AB-Verband B

$$||R_z(T)|| \leqq M_0||R_{za_0r_\sigma^{-1}}(T)||\,, \qquad (r_\sigma = |a_0| < z)\,.$$

Dann folgt

$$r_\sigma\,H(a_0\,r_\sigma^{-1}) \subseteqq \sigma_R(T)\,, \qquad (r_\sigma \neq 0)\,.$$

Beweis. Da B' bedingt vollständig ist (siehe die Aussage nach Definition 0.5), können wir ohne Beschränkung der Allgemeinheit B als bedingt vollständig annehmen. Es sei

$$||R_{z_i a_0}|| \leqq \left(1 + \frac{1}{i}\right) ||R_{z_i a_0}\, x_i||\; ||x_i||^{-1}\,, \qquad z_i > 1 = r_\sigma(T)\,, \qquad a_0 \in \sigma_R(T)\,,$$

$$y_0 \colon = (R_{z_i a_0}\, x_i ||R_{z_i a_0}\, x_i||^{-1}) + N\,, \qquad x_0 \colon = (R_{z_i}|x_i|\; ||R_{z_i}|x_i|||^{-1}) + N\,.$$

Dann gilt (vergleiche den Beweis der Aussage c) von Satz 1.2.2)

$$T\, y_0 = a_0\, y_0\,, \qquad T\, x_0 = r_\sigma\, x_0\,.$$

Es gilt nach Lemma 2.1.2

$$\operatorname{Re}(b\, R_{z_i a_0}\, x_i) = \sum_{n=0}^{\infty} \operatorname{Re}(b\, z_i^{-n-1}\, a_0^{-n-1}\, T^n\, x_i) \leqq \sum_{n=0}^{\infty} z_i^{-n-1} |b\, a_0^{-n-1}\, T^n\, x_i|$$

$$= \sum_{n=0}^{\infty} z_i^{-n-1} |T^n\, x_i| \leqq \sum_{n=0}^{\infty} z_i^{-n-1}\, T^n |x_i| = R_{z_i}|x_i|\,, \qquad |b| = 1\,,$$

d. h.

$$\bigvee_{|b|=1} \operatorname{Re}(b\, R_{z_i a_0}\, x_i) = |R_{z_i a_0}\, x_i| \leqq R_{z_i}|x_i|\,.$$

Damit folgt

$$|y_0| \leqq (R_{z_i}|x_i|\; ||R_{z_i a_0}\, x_i||^{-1}) + N \leqq M_0 (R_{z_i}|x_i|\; ||R_{z_i}|x_i|||^{-1}) + N = M_0\, x_0\,,$$

$$0 \leqq |y_0| \leqq T|y_0| \leqq \cdots \leqq M_0\, x_0\,, \qquad T\, x_0 = x_0\,.$$

Damit ist für ein beliebiges Funktional $F \in (\sqcap B)'$ mit $F(|y_0|) \neq 0$, $0 \leqq F$, die Voraussetzung von Satz 2.2.2 erfüllt ∎.

Folgerung 2.2.4. Es sei B ein bedingt vollständiger Banach-Verband und $T \in [B]$, $0 \leqq T$ mit:

(a) $\quad x_0 \in N_{T-aI}(a \in \sigma_R(T))\,, \quad 0 \leqq r_\sigma F_0 \leqq T' F_0\,, \quad F_0(|x_0|) \neq 0\,;$

(b) $\quad ||R_z(T)|| \leqq M_0 (z - r_\sigma)^{-2}$ für $z > r_\sigma$.

Dann gilt

$$r_\sigma H(a\, r_\sigma^{-1}) \subseteqq \sigma(T)\,, \qquad (0 \neq r_\sigma)\,.$$

Beweis. Nach Lemma 2.1.2 gilt für $r_\sigma = 1$ sofort

$$|x_0| = |T\, x_0| \leqq T|x_0| \leqq T^2|x_0| \leqq \cdots$$

und folglich

$$(T' - I)\, F_0(T^n|x_0|)\, z^{-n-1}\, (z-1)^{-1} = \sum_{k=0}^{\infty} z^{-n-k-1}\, (T' - I)\, F_0(T^n|x_0|)$$

$$\leqq \sum_{k=0}^{\infty} z^{-k-1}\, (T' - I)\, F_0(T^k|x_0|) = (T' - I)\, F_0(R_{z_0}|x_0|)$$

$$= F_0(-|x_0| + (z-1)\, R_z|x_0|) \leqq M_0 ||\,|x_0|\,||\; ||F_0||\, (z-1)^{-1}\,, \qquad z > 1\,.$$

Damit erhalten wir für $z \downarrow 1$

$$0 \leqq (T' - I)\, F_0(T^n|x_0|) \leqq M_0 ||\,|x_0|\,||\; ||F_0|| < +\infty\,.$$

Ist $0 < \sup_n G_0(T^n|x_0|)$, $G_0: = (T' - I)\, F_0 \in K^*$, so ergibt sich Folgerung 2.2.4 aus Satz 2.2.2. Für

$$G_0(T^n|x_0|) = (T' - I)\, F_0(T^n|x_0|) = 0\,, \qquad n = 0, 1, \ldots$$

folgt $F_0(T^n|x_0|) = F_0(|x_0|)$, $n = 0, 1, \ldots$, d. h., auch in diesem Fall kann man Satz 2.2.2 anwenden ▮.

Lemma 2.2.1. *Es sei B ein bedingt vollständiger AB-Verband mit $T\,x_0 = a\,x_0$, $a \in \sigma_R(T)$. Nun stellen wir den nach Lemma 1.3.2 bedingt vollständigen AB-Verband $B_\sim(R_{z_0}|x_0|)$, $(z_0 > r_\sigma(T) = 1)$, nach Satz 0.2′ als ein Fundament eines Raumes $C_\infty(Q)$ mit $\widehat{R_{z_0}|x_0|} = 1$, Q kompakt, dar. Dann gibt es ein $q_0 \in Q$ mit*

$$\widehat{(T^n|x_0|)}\,(q_0) = (z_0 - 1) \neq 0\,, \qquad n = 0, 1, 2, \ldots$$

($\hat{y}$ bezeichnet das Bild von y bei der Darstellung von B in $C_\infty(Q)$.)

Beweis. Zur Vereinfachung bezeichnen wir $\hat{y}$ und y einheitlich mit y. Es ist nach Lemma 2.1.2 stets $|x_0| = |T\,x_0| \leqq T|x_0| \leqq T^2|x_0| \leqq \cdots$ und folglich

$$T^k\,1 = \sum_{n=0}^{\infty} z_0^{-n-1}\, T^{n+k}|x_0| \geqq \sum_{n=0}^{\infty} z_0^{-n-1}\, T^n|x_0| = 1\,.$$

Ist nun $(T^{k_0}1)\,(q) > 1$, $q \in Q$, so gibt es auf Grund der Kompaktheit von Q ein $e_{k_0} > 0$ mit $T^{k_0}\,1 \geqq (1 + e_{k_0})\,1$, d. h.

$$R_z(T^{k_0})\,1 = \sum_{n=0}^{\infty} z^{-n-1}\, T^{k_0 n}\,1 \geqq (z - 1 - e_{k_0})^{-1}\,1\,, \qquad r_\sigma(T^{k_0}) > 1\,.$$

Dies ist ein Widerspruch. Es ist also

$$Q_k: = \{q: (T^k\,1)\,(q) = 1\} = \overline{Q_k} \neq \varnothing\,, \qquad k = 0, 1, 2, \ldots\,.$$

Da der Raum Q kompakt ist, ist der Durchschnitt der wegen $1 \leqq T\,1 \leqq T^2\,1 \leqq \leqq \cdots$ fallenden Folge (Q_k) nicht leer. Dann gilt für $q_0 \in \bigcap_{n=0}^{\infty} Q_n$ und $k \geqq 1$

$$1 = (T^k\,1)\,(q_0) = (-\,T^{k-1}|x_0| + z_0\, T^{k-1}\, R_{z_0}|x_0|)\,(q_0)\,,$$

$$1 = -\,(T^{k-1}|x_0|)\,(q_0) + z_0\,,$$

d. h.

$$(T^k|x_0|)\,(q_0) = (z_0 - 1) \neq 0\,, \qquad k = 0, 1, 2, \ldots \text{▮}.$$

Lemma 2.2.2. *Es sei B ein AB-Verband und $D \in [B]$ mit*

$$\operatorname{Re}(b\,D) \leqq I\,, \qquad \operatorname{Re}(b\,D^{-1}) \leqq I\,, \qquad (|b| = 1)\,.$$

Dann gilt

$$|D''\,x| = |x| \quad \textit{für} \quad x \in B''\,,$$

$$|D'\,F| = |F| \quad \textit{für} \quad F \in B'\,.$$

Beweis. Aus den Voraussetzungen folgt $\operatorname{Re}(b\,D'') \leqq I$, $\operatorname{Re}(b\,D''^{-1}) \leqq I$, d. h. $|D''| \leqq I$, $|D''^{-1}| \leqq I$. Nach Lemma 2.1.2 folgt $|D''\,x| \leqq |x|$, $|D''^{-1}\,x| \leqq |x|$.

Hieraus erhalten wir

$$|D'' x| \leqq |x| = |D''^{-1} D'' x| \leqq |D'' x| , \qquad |D'' x| = |x| .$$

Analog zeigt man $|D' F| = |F|$, $F \in B'$ ▮.

Satz 2.2.3. *Es sei T ein positiver linearer Operator auf dem AB-Verband B, und es gelte:*
(a) *Das halboffene Intervall $[0, r_\sigma(T))$ liege in der Resolventenmenge $\varrho(T)$,*
(b) *$z = r_\sigma(T)$ sei isolierter Punkt des Spektrums $\sigma(T)$.*
Dann ist das Randspektrum $\sigma_R(T)$ zyklisch.

Beweis. Auf Grund von Satz 1.2.2 und der Tatsache, daß der duale Raum eines AB-Verbandes bedingt vollständig ist (siehe die Aussage nach Definition 0.5), nehmen wir B als bedingt vollständig und $\sigma_R(T) \subseteqq \sigma_p(T)$ an. Es sei also $T x_0 = a x_0$, $x_0 \neq o$, $a \in \sigma_R(T)$. Wir führen den Beweis in zwei Schritten.

1. Nach Lemma 1.3.2 und Satz 0.2 können wir den bedingt vollständigen AB-Verband $B_\sim\big(R_{z_0}(T)\,|x_0|\big)$, $\big(z_0 > r_\sigma(T) = 1\big)$ als ein Fundament eines Raumes $C_\infty(Q)$, Q kompakter extremal unzusammenhängender Raum, mit $\widehat{R_{z_0}(T)\,|x_0|} = 1$ darstellen. Zur Vereinfachung bezeichnen wir y und das Bild $\hat{y}$ bei dieser Darstellung einheitlich mit y. Es ist nach Lemma 2.1.2, Lemma 1.3.2

$$|T x| \leqq T|x| \leqq ||x||_\sim \, T\, R_{z_0}|x_0| = ||x||_\sim \,(-\,|x_0| + z_0\, R_{z_0}|x_0|)$$
$$\leqq z_0||x||_\sim \, R_{z_0}|x_0| , \quad ||T x||_\sim \leqq z_0||x||_\sim , \qquad T \in [B_\sim\big(R_{z_0}(T)\,|x_0|\big)] .$$

Wir setzen für $z_1 > \operatorname{Max}\,\big(r_\sigma(T|B),\, r_\sigma(T|B_\sim)\big)$

$$R_{z_1}(T) - a\, D^{-1} R_{z_1 a}(T)\, D = A + i\, B , \qquad \operatorname{Im} A = \operatorname{Im} B = 0 .$$

(D bezeichne den nach Satz 1.1.1 zu x_0 konstruierten Operator.)

Es gilt nach Lemma 2.1.3

$$T^n - \operatorname{Re}\,(a^{-n}\, D^{-1}\, T^n\, D) = : A_n \geqq 0$$

und folglich

$$0 \leqq z_1^{-n-1}\, A_n \leqq \sum_{n=0}^{\infty} z_1^{-n-1}\, A_n = A . \tag{2.2.5}$$

Nun wählen wir nach Lemma 2.2.1 ein $q_0 \in Q$ mit $(T^n|x_0|)\,(q_0) = (z_0 - 1)$, $n = 0, 1, \ldots$ Dann gilt

$$(A|x_0|)\,(q_0) = \sum_{n=0}^{\infty} z_1^{-n-1}(A_n|x_0|)\,(q_0) = \sum_{n=0}^{\infty} z_1^{-n-1}\,\big((T^n - I)\,|x_0|\big)\,(q_0) = 0 ,$$

und es gibt folglich Projektionen P_k auf Komponenten $C_\infty(U_k)$ mit

$$0 \leqq z_1^{-n-1}\, P_k\, A_n\, P_k|x_0| \leqq P_k\, A\, P_k|x_0| \leqq P_k\, A|x_0| \leqq \frac{1}{k}\, P_k|x_0| \tag{2.2.6}$$

(U_k bezeichnet geeignete offene und abgeschlossene Umgebungen von $q_0 \in Q$.)
Nun sei für eine Folge (T_k) von Operatoren mit $||T_k|| \leqq M_0$

$$(T_k)\,\big((x_k) + N\big) : = (T_k\, x_k) + N .$$

Es ist $||(T_k)||_{K(B)/N} \leqq M_0$, und wir können (T_k) stetig auf $\sqcap B$ fortsetzen. Es sei

$$\mathfrak{D} : = (D) , \quad \mathfrak{D}^{-1} = (D^{-1}) , \quad T_0 : = (T_0) , \quad \mathfrak{p} : = (P_k) .$$

Es ist $\mathrm{Re}\,(b\,\mathfrak{D}) = (\mathrm{Re}\,(b\,D)) \leqq I$, $\mathrm{Re}\,(b\,\mathfrak{D}^{-1}) = (\mathrm{Re}\,(b\,D^{-1})) \leqq I$, $(|b| = 1)$ und nach Lemma 2.2.2

$$|\mathfrak{D}''\,\mathfrak{y}| = |\mathfrak{D}''^{-1}\,\mathfrak{y}| = |\mathfrak{y}|\,, \qquad \mathfrak{y} \in (\sqcap B)''\,.$$

Dann erhalten wir aus (2.2.6) für $\mathfrak{x}_0 := (P_k|x_0|\,||P_k|x_0|||^{-1}) + N \in \sqcap B$

$$\mathfrak{p}\,A_n\,\mathfrak{p}\,\mathfrak{x}_0 = o\,.$$

Der Raum $(\sqcap B)''$ ist bedingt vollständig (siehe die Aussage nach Definition 0.5) und wir erhalten nach Lemma 2.1.2, Lemma 2.1.3 für $|\mathfrak{y}| \leqq M\,\mathfrak{x}_0$, $\mathfrak{y} \in (\sqcap B)''$

$$|(\mathfrak{p}\,A_n\,\mathfrak{p})''\,\mathfrak{y}| \leqq M\,\mathfrak{p}''\,A_n''\,\mathfrak{p}''\,\mathfrak{x}_0 = o\,,$$

$$|(\mathfrak{p}\,B_n\,\mathfrak{p})''\,\mathfrak{y}| \leqq \mathfrak{p}''|B_n''|\,\mathfrak{p}''|\mathfrak{y}| \leqq \bigwedge_{\pi \neq \Theta \in (0,2\pi)} M_0 \frac{(1-\cos\Theta)}{|\sin\Theta|}\,\mathfrak{p}''\,T''^n\,\mathfrak{p}''\,\mathfrak{x}_0 = o\,,$$

d. h.

$$\mathfrak{p}''\,T''^n\,\mathfrak{p}''\,\mathfrak{y} = \mathfrak{p}''\,a^{-n}\,\mathfrak{D}''^{-1}\,T''^n\,\mathfrak{D}''\,\mathfrak{p}''\,\mathfrak{y}\,. \tag{2.2.7}$$

Es ist nach Satz 1.1.1 $\mathfrak{D}\,\mathfrak{p} = \mathfrak{p}\,\mathfrak{D}$, $\mathfrak{p}''\,\mathfrak{D}'' = \mathfrak{D}''\,\mathfrak{p}''$.
Nun setzen wir $\mathfrak{D}''\,\mathfrak{y} =: \mathfrak{z}$ und erhalten

$$\mathfrak{p}''\,T''^n\,\mathfrak{p}''\,\mathfrak{z} = a^n\,\mathfrak{D}''\,\mathfrak{p}''\,T''^n\,\mathfrak{D}''^{-1}\,\mathfrak{p}''\,\mathfrak{z}\,. \tag{2.2.8}$$

Wie beim Beweis von Lemma 2.1.4 folgt nun aus (2.2.7)

$$\begin{aligned}(\mathfrak{p}\,T^n\,\mathfrak{p}\,\mathfrak{D}^k)''\,\mathfrak{x}_0 &= a^n\,\mathfrak{D}''(a^{-n}\,\mathfrak{p}''\,\mathfrak{D}''^{-1}\,T''^n\,\mathfrak{D}''\,\mathfrak{p}'')\,\mathfrak{D}''^{k-1}\,\mathfrak{x}_0\\ &= a^n\,\mathfrak{D}''(\mathfrak{p}\,T^n\,\mathfrak{p}\,\mathfrak{D}^{k-1})''\,\mathfrak{x}_0 = \cdots\\ &= a^{nk}(\mathfrak{D}^k\,\mathfrak{p}\,T^n\,\mathfrak{p})''\,\mathfrak{x}_0\,, \qquad k \geqq 0,\ n = 0, 1, 2, \ldots\end{aligned} \tag{2.2.9}$$

und auf die gleiche Weise aus (2.2.8)

$$(\mathfrak{p}\,T^n\,\mathfrak{p}\,\mathfrak{D}^{-k})''\,\mathfrak{x}_0 = a^{-nk}(\mathfrak{D}^{-k}\,\mathfrak{p}\,T^n\,\mathfrak{p})''\,\mathfrak{x}_0\,, \qquad k \geqq 0,\ n = 0, 1, \ldots \tag{2.2.10}$$

2. Wir zeigen nun die Zyklizität des Randspektrums $\sigma_R(T)$. Aus $\mathfrak{p}''\,\mathfrak{D}'' = \mathfrak{D}''\,\mathfrak{p}''$ und (2.2.9), (2.2.10) folgt

$$\mathfrak{p}''(a^{-nk}\,\mathfrak{D}''^{-k}\,T''^n\,\mathfrak{D}''^k)\,\mathfrak{p}''\,\mathfrak{x}_0 = \mathfrak{p}''\,T''^n\,\mathfrak{p}''\,\mathfrak{x}_0$$
$$\text{für } k = 0, \pm 1, \ldots, n = 0, 1, 2, \ldots$$

Damit erhalten wir $(|z| > r_\sigma(T) = 1)$

$$\begin{aligned} a^{-k}\,\mathfrak{p}''\,\mathfrak{D}''^k\,R_{za^{-k}}(T'')\,\mathfrak{D}''^{-k}\,\mathfrak{p}''\,\mathfrak{x}_0 &\\ = \sum_{n=0}^{\infty} a^{-k}\,z^{-n-1}\,a^{k(n+1)}\,\mathfrak{D}''^k\,\mathfrak{p}''\,T''^n\,\mathfrak{p}''\,\mathfrak{D}''^{-k}\,\mathfrak{x}_0 &\\ = \sum_{n=0}^{\infty} z^{-n-1}\,\mathfrak{p}''\,T''^n\,\mathfrak{p}''\,\mathfrak{x}_0 = \mathfrak{p}''\,R_z(T'')\,\mathfrak{p}''\,\mathfrak{x}_0\,. &\end{aligned} \tag{2.2.11}$$

Wir wenden nun den **Satz von** PRINGSHEIM an (siehe H. H. SCHAEFER [45]):

Es sei r_0 der Konvergenzradius einer Potenzreihe mit positiven Koeffizienten $a_n \in K$ aus einem AB-Verband. Dann ist $z = r_0$ ein singulärer Punkt der Potenzreihe.

Dann ist wegen $\mathfrak{p}''\,T''^n\,\mathfrak{p}''\,\mathfrak{x}_0 \geqq o$ der Konvergenzradius der Reihe (2.2.11) ein singulärer Punkt der Resolvente, der nach den Voraussetzungen (a), (b) mit $z = r_\sigma(T|B)$ zusammenfallen muß. Damit ist nach (2.2.11) auch $z = a^{-k}$ $(k = 0 \pm 1, \pm 2, \ldots)$ ein singulärer Punkt der Resolvente $R_z(T)$, d. h., $z = a^{-k}$ gehört zum Spektrum ∎.

2.3. Aussagen über die zum Rand-Punktspektrum gehörenden Eigenräume

Für gewisse Operatoren ist es möglich, unmittelbar aus der Gestalt eines Eigenvektors, der zu einem Punkt des Randspektrums gehört, die Gestalt der Eigenvektoren anderer Punkte des Randspektrums zu bestimmen.

Bezeichnet D_k den nach Satz 1.1.1 zum Vektor $x_k \in B$ konstruierten Operator, so definieren wir wie bei Satz 2.2.3 $(D_k) = : \mathfrak{D}$.

Satz 2.3.1. *Es sei B ein AL-Verband oder ein uniform konvexer AB-Verband und $T \in [B]$, $0 \leqq T$. Wird $\sqcap B$ durch den $\overline{\lim}$ erzeugt, so gilt unter der Bedingung $\|T\| = r_\sigma(T)$ für einen Eigenvektor $x_0 = (x_k) + N$, $\|x_k\| = 1$*

$$T\,x_0 = a\,x_0\,, \quad a \in \sigma_R(T) \Rightarrow T\,\mathfrak{D}^k\,x_0 = a^{k+1}\,\mathfrak{D}^k\,x_0\,, \quad k = 0, \pm 1, \ldots$$

Beweis. Nach G. Köthe [17], S. 358 sind uniform konvexe Banach-Räume reflexiv. Da der duale Raum eines AB-Verbandes bedingt vollständig ist, sind uniform konvexe AB-Verbände bedingt vollständig. AL-Verbände sind bedingt vollständig (siehe die Aussage nach Definition 0.5). Damit können wir den Operator $\mathfrak{D}: = (D_k)$ bilden. Es gilt nach Lemma 2.1.2

$$T|x_k| \geqq |T\,x_k|\,.$$

Nach Voraussetzung war

$$T\,x_k = a\,x_k + b_k\,; \qquad \lim_{k\to\infty} b_k = o\,, \qquad \|\,|x_k|\,\| = 1\,.$$

Hieraus folgt nach (0.45), (0.44)

$$T|x_k| \geqq |a\,x_k| - |b_k| \geqq r_\sigma|x_k| - (|\mathrm{Re}\,b_k| + |\mathrm{Im}\,b_k|)\,.$$

Da die Verbandsoperationen stetig sind, folgt

$$\left.\begin{aligned} T\big((|x_k|) + N\big) &\geqq r_\sigma\,\big((|x_k|) + N\big) = : r_\sigma\,y_0\,,\\ T\,y_0 &= (T\,y_0 - r_\sigma\,y_0) + r_\sigma\,y_0\,. \end{aligned}\right\} \tag{2.3.1}$$

Damit erhalten wir nach Lemma 1.3.1 wegen $T\,y_0 \geqq r_\sigma\,y_0$ für $(T\,y_0 - r_\sigma\,y_0) \neq o$ einen Widerspruch. Es ist also

$$T\,x_0 = a\,x_0\,, \qquad T\,y_0 = r_\sigma\,y_0\,.$$

Hieraus folgt in dem bedingt vollständigen AB-Verband $(\sqcap B)''$ nach Lemma 2.1.4, Lemma 2.2.2 $T''\,\mathfrak{D}''^l\,y_0 = r_\sigma(a\,r_\sigma^{-1})^l\,\mathfrak{D}''^l\,y_0$ und wegen $\mathfrak{D}^{-1}\,x_0 = y_0 \in \sqcap B$ sofort

$$T\,\mathfrak{D}^{l-1}\,x_0 = r_\sigma(a\,r^{-1})^l\,\mathfrak{D}^{l-1}\,x_0\,, \qquad l = 0, \pm 1, \ldots \blacksquare\,.$$

Bemerkung 2.3.1. Die Aussage des Satzes 2.3.1 wurde für einen AL-Verband auch von H. H. Schaefer [49] auf andere Weise bewiesen.

Der folgende Satz 2.3.2 über die Dimension der Eigenräume N_{T-aI}, $a \in \sigma_R(T)$ wurde von S. Karlin [15] unter den einschränkenden Voraussetzungen bewiesen, daß der Operator vollstetig ist und das nichtleere Innere des Kegels in sich abbildet.

Lemma 2.3.1. *Es seien $x_k(q)$, $k = 1, 2, \ldots, n$ linear unabhängige Funktionen des Raumes $C_\infty(Q)$. Dann gibt es Linearkombinationen $y_l(q)$ der $x_k(q)$ und Punkte $q_k \in Q$ mit*

$$y_l(q_k) = \delta_{l,k}\,; \qquad \delta_{l,k} = \begin{cases} 0, & l \neq k\,; \\ 1, & l = k \end{cases} \qquad l, k = 1, 2, \ldots, n\,.$$

Insbesondere sind die Funktionen $|y_l|\,(q)$ linear unabhängig.

Beweis. Wir führen einen Induktionsbeweis und nehmen (evtl. nach Aussonderung einer nirgends dichten Teilmenge von Q) stets $|x_i(q)| < \infty$ für alle $q \in Q$ und $i = 1, \ldots, n$ an. Wir setzen

$$z_k(q) := \begin{cases} \frac{1}{x_1(q_1)} x_1(q) \,, \; x_1(q_1) \neq 0 \,, & k = 1 \\ x_k(q) - \frac{x_k(q_1)}{x_1(q_1)} x_1(q) \,, & k = 2, \ldots, n \,. \end{cases}$$

Wenden wir auf das System $\{z_k\}_{k=2,\ldots,n}$ die Induktionsannahme an, so definieren wir mit dem erhaltenen System $(\{y_k'\}, \{q_k\})_{k=2,\ldots,n}$

$$y_k(q) := \begin{cases} z_1(q) - \sum\limits_{k=2}^{\infty} z_1(q_k)\, y_k'(q) \,, & k = 1 \\ y_k'(q) \,, & k = 2, \ldots, n \,. \end{cases}$$

Es gilt $y_l(q_k) = \delta_{l,k}$ ∎.

Unter der Dimension dim N_{T-aI} verstehen wir eine Zahl n ($n = 0, 1, 2, \ldots$) oder ∞. Es bedeute $\dim (N_{T''-r_\sigma I} \cap K^{**}) = \alpha$, daß in $N_{T''-r_\sigma I}$ genau α linear unabhängige positive Elemente $x_i \in (K^*)^* =: K^{**}$ liegen.

Satz 2.3.2. *Es sei B ein AB-Verband und $T \in [B]$, $0 \leqq T$ mit $\|R_z(T)\| \leqq$ $\leqq M (z - r_\sigma)^{-1}$, $z > r_\sigma$. Dann gilt für $a \in \sigma_R(T)$*

$$\dim N_{T-aI} \leqq \dim (N_{T''-r_\sigma I} \cap K^{**}) \,.$$

Beweis. Es seien $x_1, x_2, \ldots, x_n \in N_{T-aI}$ linear unabhängige Elemente. Zu $F \in N_{T'-r_\sigma I} \cap K^*$ sei $X := \{x \in B'' : \langle F, |x|\rangle = 0\}$. Der normale Teilraum X ist nach Lemma 1.1.2 gegenüber Supremumsbildung abgeschlossen und folglich eine Komponente. Es gilt nach Lemma 2.1.2 für $x \in X$ stets

$$\langle F, |T'' x|\rangle \leqq \langle F, T''|x|\rangle = r_\sigma \langle F, |x|\rangle = 0, \; T'' X \subseteqq X:$$

$$T'' = \begin{pmatrix} T_1 & T_2 \\ 0 & T_3 \end{pmatrix} \begin{pmatrix} X \\ X^d \end{pmatrix} \begin{pmatrix} I - P \\ P \end{pmatrix}.$$

Wir wählen nun F so, daß die Dimension d der linearen Hülle $\mathcal{L} =$ $= \mathcal{L}(P x_1, \ldots, P x_n)$ der Elemente $P x_1, \ldots, P x_n$ maximal wird. Es sei $d_{\max} < n$. Dann können wir (nach eventueller Vertauschung der x_i) $P x_1, \ldots, P x_{d_{\max}}$ als Basis von $\mathcal{L}$ und $P x_{d_{\max}+1} = \cdots = P x_n = o$ annehmen. Nach Satz 2.1.1 existiert ein $F_0 \in N_{T'-r_\sigma I} \cap K^*$ mit $F_0 (|\mathrm{Re}\, x_{d_{\max}+1}| + |\mathrm{Im}\, x_{d_{\max}+1}|) \neq 0$. Es sei $\widetilde{X} := \{x \in B'' : \langle F + F_0, |x|\rangle = 0\}$. Dann ist $\widetilde{X} \subseteqq X$ eine Komponente mit $T'' \widetilde{X} \subseteqq \widetilde{X}$:

$$T'' = \begin{pmatrix} T_1 & T_2 \\ 0 & T_3 \end{pmatrix} \begin{pmatrix} \widetilde{X} \\ \widetilde{X}^d \end{pmatrix} \begin{pmatrix} I - \widetilde{P} \\ \widetilde{P} \end{pmatrix}, \quad P \leqq \widetilde{P} \,, \quad \widetilde{X} \subseteqq X \,.$$

Ist nun $\sum\limits_{i=1}^{d_{\max}+1} a_i \widetilde{P} x_i = o$, so folgt $\sum\limits_{i=1}^{d_{\max}+1} a_i P \widetilde{P} x_i = \sum\limits_{i=1}^{d_{\max}} a_i P x_i = o$, d. h. $a_1 = \cdots$ $= a_{d_{\max}} = 0$ und folglich auch $a_{d_{\max}+1} = 0$. Dies ist ein Widerspruch zur Maximalität von $d_{\max}$, d. h. $d_{\max} = n$.

Wir stellen nach Satz 0.2′ den Raum X^d als ein Fundament eines Raumes $C_\infty(Q)$ dar. Dann kann man nach Lemma 2.3.1 durch Bildung geeigneter Linearkombinationen der Bilder $\widehat{P\, x_i}$ Funktionen $\hat{y}_i$ konstruieren, deren Beträge linear unabhängig sind. Dann sind nach Satz 0.2′ auch die Beträge der Urbilder $|y_i|$ dieser Funktionen bei obiger Darstellung linear unabhängig. Es gilt

$$T_3\, P\, x_i = a\, P\, x_i\,, \qquad T_3\, y_i = a\, y_i\,.$$

Nach Lemma 2.1.2 folgt

$$T_3|y_i| \geqq r_\sigma |y_i|$$

und wegen

$$0 \leqq \langle F,\, T_3|y_i| - r_\sigma|y_i|\rangle \leqq \langle F,\, T''|y_i| - r_\sigma|y_i|\rangle = 0\,, \qquad T_3|y_i| = r_\sigma|y_i|\,.$$

Es gilt nach (0.25)

$$(z - r_\sigma)\, R_z(T'')\, |y_i| = \begin{pmatrix} R_z(T_1)\, T_2|y_i| \\ |y_i| \end{pmatrix} = :\, w_{z,i}\,. \tag{2.3.2}$$

Es ist für $r_\sigma < z < z'$

$$R_{z'}(T_1) = \sum_{n=0}^{\infty} z'^{-n-1}\, T_1^n \leqq \sum_{n=0}^{\infty} z^{-n-1}\, T_1^n = R_z(T_1)$$

und folglich

$$w_{z',i} \leqq w_{z,i}\,.$$

Aus der Bedingung $||R_z(T)|| \leqq M\,(z - r_\sigma)^{-1}$, $z > r_\sigma$, folgt aus Lemma 1.1.2

$$\sigma(B'', B') - \lim_{z \downarrow r_\sigma} w_{z,i} = \bigvee_{z > r_\sigma} w_{z,i} = :\, v_i\,,$$

$$T''\, v_i = \sigma(B'', B') - \lim_{z \downarrow r_\sigma} \left(-\,(z - r_\sigma)\, |y_i| + z\, w_{z,i}\right) = r_\sigma\, v_i\,. \tag{2.3.3}$$

Da der Operator P wegen $|P\, x| \leqq |x|$ ordnungsstetig ist, folgt nach (0.41)

$$\mathrm{o} = \bigwedge_{z > r_\sigma} (P\, v_i - P\, w_{z,i}) = P\, v_i - \bigvee_{z > r_\sigma} P\, w_{z,i} = P\, v_i - P|y_i|\,.$$

Damit sind die Elemente v_i $(i = 1, 2, \ldots, n)$ linear unabhängig und Satz 2.3.2 ist bewiesen ▮.

Bemerkung 2.3.2. Ein Beispiel soll zeigen, daß man die Bedingung von Satz 2.3.2 nicht durch die Bedingung „$z = r_\sigma$ *ist Pol der Resolvente* $R_z(T)$“ ersetzen kann. Es sei

$$T = \begin{pmatrix} 0 & 1 & 0 & 0 \\ 1 & 0 & 0 & 0 \\ 2 & 1 & 0 & 1 \\ 1 & 0 & 1 & 0 \end{pmatrix} \in [R^4]\,.$$

Dann ist $\sigma(T) = \{1, -1\}$, $\dim N_{T+I} = 2$, $\dim N_{T-I} = 1$.

Schließlich wollen wir noch eine Aussage beweisen, die wir später in Abschnitt 3 benötigen. Es sei B ein bedingt vollständiger AB-Verband. Es bezeichne (Q_φ), $\varphi \in [0, 2\pi]$, eine Schar von Projektionen mit den Eigenschaften von Satz 1.1.1. Dann konvergiert nach Satz 1.1.1 das Integral $\int_0^{2\pi} e^{in\varphi}\, d\, Q_\varphi|x_0|$ in der Normtopologie als Grenzwert Riemannscher Summen $\sum_k e^{\mathrm{in}\,\varphi_k}\,(Q_{\varphi_{k+1}} - Q_{\varphi_k})|x_0|$.

Für $T \in [B]$ bzw. $F \in B'$ gilt wegen der Stetigkeit

$$T \int_0^{2\pi} e^{in\varphi}\, dQ_\varphi |x_0| = \int_0^{2\pi} e^{in\varphi}\, dT\, Q_\varphi |x_0| \,, \tag{2.3.4}$$

$$\langle F, \int_0^{2\pi} e^{in\varphi}\, dQ_\varphi |x_0| \rangle = \int_0^{2\pi} e^{in\varphi}\, d\langle F, Q_\varphi |x_0| \rangle \,. \tag{2.3.5}$$

Behauptung 2.3.1. Es sei B ein AB-Verband und $T \in [B]$, $0 \leqq T$. Es existiere zu $x_0 \in N_{T - aI}$, $a \in \sigma_R(T)$ ($|a| = r_\sigma = 1$) ein Funktional $F_0 \in N_{T' - r_\sigma I} \cap K^*$ mit $F_0\,(|\mathrm{Re}\, x_0| + |\mathrm{Im}\, x_0|) \neq 0$. Ist $a^{n_0} = 1$ bei minimalem $n_0 > 0$, so existieren mindestens n_0 verschiedene für $(T'')^{n_0}$ invariante Komponenten.

Beweis. Wir bilden wie beim Beweis von Satz 2.3.2 die Komponente $X := \{x \in B'' : \langle F_0, |x| \rangle = 0\}$:

$$T'' = \begin{pmatrix} T_1 & T_2 \\ 0 & T_3 \end{pmatrix} \begin{pmatrix} X \\ X^d \end{pmatrix} \begin{pmatrix} I - P \\ P \end{pmatrix}, \qquad P = P_{X^d} \,.$$

Sind nun $Y_1, \ldots, Y_n \subseteqq X^d$ verschiedene für $T_3^{n_0}$ invariante Komponenten, so sind $Y_i + X$ ($i = 1, 2, \ldots, n$) verschiedene für $(T'')^{n_0}$ invariante Komponenten. Damit brauchen wir die Aussage nur für $T_3^{n_0}$ zu zeigen. Es ist nach Lemma 2.1.4

$$T_3\, D^n |P\, x_0| = a^n\, D^n |P\, x_0| \,, \qquad n = 0, \pm 1, \ldots$$

und nach Satz 1.1.1

$$D^n |P\, x_0| = \int_0^{2\pi} e^{in\varphi}\, dQ_\varphi |P\, x_0| \,.$$

Ferner können wir annehmen, daß gilt:

$$\arg a = \min_{\arg a^k > 0} (\arg a^k) \,.$$

$$I \cap \{a^k, k = 0, \pm 1, \ldots\} = \{r_\sigma, b\} \,.$$

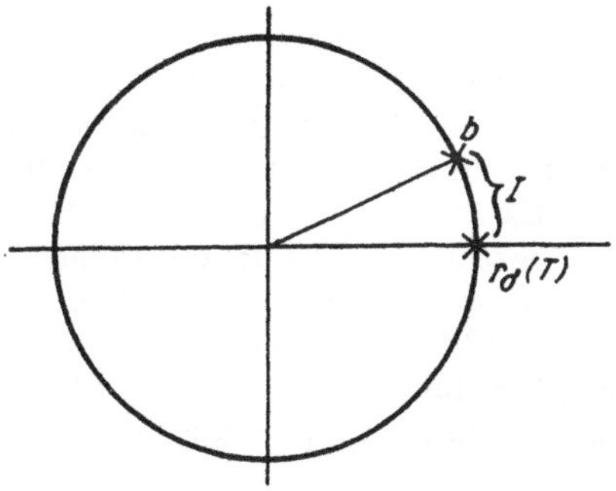

Abb. 2

(Anderenfalls gilt (siehe Skizze) $b = a^{k_0}$, $a = b^{-k_0}$. Es ist für $0 < l < n_0$ stets $b^l \neq 1$, da sonst $a^l = 1$ gelten würde. Andererseits ist $b \in \sigma_p(T_3)$. Damit können wir a durch b ersetzen.)

Nun folgt aus (2.3.4), (2.3.5) und $\arg a = \varphi_0 \in [0, 2\pi]$

$$\begin{aligned} \langle F, D^n |P\, x_0| \rangle &= \int_0^{2\pi} e^{in\varphi}\, d\langle F, Q_\varphi |P\, x_0| \rangle = a^{-n} \int_0^{2\pi} e^{in\varphi}\, d\langle F, T_3\, Q_\varphi |P\, x_0| \rangle \\ &= a^{-n} \langle F, T_3\, D^n |P\, x_0| \rangle = \int_0^{2\pi} e^{in(\varphi - \varphi_0)}\, d\langle F, T_3\, Q_\varphi |P\, x_0| \rangle \\ &= \int_0^{2\pi} e^{in\varphi}\, d\langle F, T_3\, Q_{\varphi + \varphi_0} |P\, x_0| \rangle \,. \end{aligned}$$

(Dabei sei $Q_{\varphi+2k\pi} := Q_\varphi$, $k = 0, \pm 1, \ldots$.)

Da die Menge der Linearkombinationen $\sum_{n=-N}^{N} a_n e^{in\varphi}$ im Raum aller stetigen Funktionen f auf $[0, 2\pi]$ mit $f(0) = f(2\pi)$ dicht ist, folgt die Gleichheit der Maße $d\langle F, T_3 Q_{\varphi+\varphi_0}|P x_0|\rangle$, $d\langle F, Q_\varphi|P x_0|\rangle$. Es gilt also

$$\left.\begin{aligned} T_3 (Q_{\varphi'+\varphi_0} - Q_{\varphi+\varphi_0}) |P x_0| &= (Q_{\varphi'} - Q_\varphi) |P x_0| , \\ T_3^{n_0} (Q_{\varphi'} - Q_\varphi) |P x_0| &= (Q_{\varphi'} - Q_\varphi) |P x_0| . \end{aligned}\right\} \tag{2.3.6}$$

Nach Folgerung 1.1.1 und Folgerung 1.1.2 gilt für $y_k := (Q_{(k+1)\varphi_0} - Q_{k\varphi_0}) |P x_0|$

$$T_3^{n_0} X_{y_k} \subseteqq X_{y_k} , \qquad k = 0, 1, 2, \ldots .$$

Es ist $|(Q_{(k+1)\varphi_0} - Q_{k\varphi_0}) x| \wedge |(Q_{(k'+1)\varphi_0} - Q_{k'\varphi_0}) z| = o$ für $x, z \in B$ und folglich $X_{y_k} \cap X_{y_{k'}} = \{o\}$, $(k \neq k')$. Andererseits gilt wegen

$$T_3 y_k = y_{k-1} \quad \text{sofort} \quad y_k \neq o , \quad X_{y_k} \neq \{o\} , \; P B'' \;\blacksquare . \tag{2.3.7}$$

3. Unzerlegbare Operatoren

Wir untersuchen in diesem Abschnitt unzerlegbare positive lineare Operatoren T. I. Sawashima zeigte in [39], daß ein positiver linearer Operator T, dessen Resolvente bei $z = r_\sigma$ einen Pol erster Ordnung besitzt, genau dann unzerlegbar ist, wenn gilt:

> $N_{T-r_\sigma I} \cap K$ bzw. $N_{T'-r_\sigma I} \cap K^*$ enthalten nur streng positive Elemente bzw. streng positive Funktionale.

Wir verallgemeinern dieses Kriterium, indem wir darauf verzichten, daß $z = r_\sigma$ ein Pol der Resolvente ist. Wir benötigen dafür zwei schwächere Voraussetzungen (siehe Satz 3.2.1).

Mit den Sätzen 3.2.3, 3.2.4 beantworten wir für AB-Verbände ein von H. H. Schaefer in [46] aufgestelltes Problem:

> Es sei $z = r_\sigma$ ein Pol der Resolvente $R_z(T)$. Unter welchen Bedingungen besteht $\sigma_R(T)$ nur aus Polen der Resolvente?

Zum Beweis verwenden wir Ergebnisse über den Raum $\sqcap B$ (Sätze 1.2.1, 1.2.2).

Schließlich verallgemeinern wir auf AB-Verbände ein von F. Niiro in [33], [34] für die Räume $l^p_{1<p<\infty}$, $L^p_{1<p<\infty}$ aufgestelltes Kriterium. Es bezieht sich darauf, daß ein Operator primitiv ist.

3.1. Vorbereitende Aussagen

Definition 3.1.1. (a) Ein *Element* $x_0 \in K$ aus einem Banach-Verband B heißt *streng positiv*, wenn für $F_0 \in K^*$ aus $F_0(x_0) = 0$ immer $F_0 = o$ folgt.

(b) Ein *Funktional* $F_0 \in K^*$ heißt *streng positiv*, wenn aus $F_0(x) = 0$, $x \in K$ immer $x = o$ folgt.

(c) Ein *positiver Operator* T heißt *streng positiv*, wenn aus $T x = o$, $x \in K$ immer $x = o$ folgt.

Definition 3.1.2. Ist B ein Banach-Verband und $T \in [B]$, $0 \leqq T$, so heißt T *unzerlegbar*, wenn für T kein invarianter abgeschlossener normaler nichttrivialer Teil-Banach-Verband B_1 existiert: $T B_1 \subseteqq B_1$.

Beispiel 3.1.1. Wir zeigen, daß es AB-Verbände gibt, in denen alle positiven linearen Operatoren zerlegbar sind. Dazu erzeugen wir den Raum $\sqcap L^1_{[0,1]}$ mit Hilfe eines BANACH-Limes BL. Es ist für $x = (x_i) + M$, $y = (y_i) + M$, $o \leqq x_i$, $o \leqq y_i$ sofort

$$||x + y|| = BL\, ||x_i + y_i|| = BL||x_i|| + BL||y_i|| = ||x|| + ||y|| \,.$$

Damit ist $K(B)/M$ ein normierter AL-Verband und folglich $\sqcap L^1_{[0,1]}$ ein AL-Verband (siehe die Aussage nach Definition 0.4). Wir bilden

$$d_{t_0}: = \left(2\, i\, H\left(t - t_0 + \frac{1}{i}\right) H\left(t_0 - t + \frac{1}{i}\right)\right) + M \in \sqcap\, L^1_{[0,1]}$$

$$\left(H(t) = \begin{cases} 0 & t < 0 \\ 1 & t \geqq 0 \end{cases}\right).$$

Es gilt für $t \neq t'$ stets $d_{t'} \wedge d_t = o$. Ist $o \leqq x = (x_k) + M \in \sqcap\, L^1_{[0,1]}$, so gilt wegen

$$\sum_{t = t_1, \ldots, t_n} d_t \wedge x \leqq x\,, \qquad \sum_{t = t_1, \ldots, t_n} ||d_t \wedge x|| \leqq ||x||$$

stets $d_t \wedge x = o$ bis auf abzählbar viele $t \in [0, 1]$. Diese Aussage gilt durch Grenzübergang für beliebige $x \in \sqcap\, L^1_{[0,1]}$. Dann ist der kleinste von $\{T^n|x_0|$, $n = 0, 1, 2, \ldots$; $x_0 \in \sqcap\, L^1_{[0,1]}\}$ erzeugte normale abgeschlossene Teil-BANACH-Verband für T invariant und von $\sqcap\, L^1_{[0,1]}$, $\{o\}$ verschieden ∎.

Für den Spezialfall reflexiver AB-Verbände kann man die Eigenschaft der Unzerlegbarkeit eines positiven linearen stetigen Operators einfacher formulieren. In [15], Lemma 2, zeigte S. KARLIN, daß für eine monoton wachsende Folge (g_i) gilt

$$\sigma(B', B) - \lim_i g_i = g_0 \Rightarrow \lim_i ||g_0 - g_i|| = 0\,. \tag{3.1.1}$$

Beim Beweis (siehe [15]) werden die Elemente g_i, g_0 als stetige Funktionen auf dem mit der Topologie $\sigma(B', B)$ versehenen kompakten Raum $\{F \in K^*\colon ||F|| \leqq 1\}$ interpretiert; (3.1.1) ist dann die Aussage des Satzes von DINI. Dieser Beweis zeigt, daß die Aussage (3.1.1) auch für ein zunehmend gerichtetes System $\{h_\alpha\}_{\alpha \in A}$ gilt. Da dann nach Lemma 1.1.2 jeder normale abgeschlossene Teil-BANACH-Verband gegenüber Supremumsbildung abgeschlossen ist, erhalten wir folgende Definition:

Definition 3.1.2'. Ist der AB-Verband B reflexiv, so heißt T *unzerlegbar*, wenn für keine Komponente X ($\neq B$, $\{o\}$) gilt:

$$T = \begin{pmatrix} T_1 & T_2 \\ 0 & T_3 \end{pmatrix} \begin{pmatrix} X \\ X^d \end{pmatrix}.$$

Beispiel 3.1.2. Aus Definition 3.1.2' folgt, daß auf einem reflexiven AB-Verband T genau dann zerlegbar ist, wenn es der adjungierte Operator T' ist.

Ist der AB-Verband nicht reflexiv, so kann T unzerlegbar und T' zerlegbar sein. Dazu konstruieren wir auf $C([0, 1])$ den folgenden Operator:

$$(T\, x)\,(s) = (1 + s) \int_0^1 t\, x(t)\, d\, t\,, \qquad T'\, F = t\, F\,(1 + s)\,.$$

Bezeichnet nun B_1 den Raum aller Maße μ mit $\mu\{0\} = 0$, so haben wir also wegen $T' B_1 \subseteqq B_1$ das erforderliche Beispiel.

Lemma 3.1.1 (vgl. I. Sawashima [39]). *Ist B ein Banach-Verband und $T \in [B]$, $0 \leqq T$, T unzerlegbar, so sind positive Eigenvektoren von T bzw. positive Funktionale $F \in N_{T'-eI}$ streng positiv (e nichtnegative Zahl).*

Beweis. 1. Es sei $T x_0 = e x_0$, $x_0 \geqq$ o und $F(x_0) = 0$, $F \in K^*$. Dann ist der Raum

$$B_1 := \{x: F(R_{r_\sigma+1}(T)(|\mathrm{Re}\, x| + |\mathrm{Im}\, x|)) = 0\} \tag{3.1.2}$$

ein normaler abgeschlossener und für T invarianter Teil-Banach-Verband. Letztere Aussage folgt nach Lemma 2.1.2 und (0.28)

$$F(R_{r_\sigma+1}(T)(|\mathrm{Re}\, T x| + |\mathrm{Im}\, T x|)) = F(R_{r_\sigma+1}(|T \,\mathrm{Re}\, x| + |T \,\mathrm{Im}\, x|))$$
$$\leqq F(T R_{r_\sigma+1}(|\mathrm{Re}\, x| + |\mathrm{Im}\, x|))$$

und wegen $T R_{r_\sigma+1} = -I + (r_\sigma + 1) R_{r_\sigma+1} \leqq (r_\sigma + 1) R_{r_\sigma+1}$

$$F(R_{r_\sigma+1}(|\mathrm{Re}\, T x| + |\mathrm{Im}\, T x|)) \leqq (r_\sigma + 1) F(R_{r_\sigma+1}(|\mathrm{Re}\, x| + |\mathrm{Im}\, x|)) = 0$$
$$(x \in B_1)\,.$$

Nun folgt $B_1 = \{\mathrm{o}\}$ oder $B_1 = B$. Ist also $x_0 \neq$ o, $F \neq$ o, so erhalten wir einen Widerspruch.

2. Ist $T' F_0 = e F_0$ und $F_0(x_0) = 0$, $F_0 \in K^*$, $x_0 \in K$, so gilt auf die gleiche Weise wie bei 1. für den Raum

$$B_2 := \{x: F_0(R_{r_\sigma+1}(T)(|\mathrm{Re}\, x| + |\mathrm{Im}\, x|)) = 0\}$$

stets $B_2 = \{\mathrm{o}\}$ oder $B_2 = B$. Ist also $x_0 \neq$ o, $F_0 \neq$ o, so erhalten wir ebenfalls einen Widerspruch ∎.

Lemma 3.1.2 (siehe [39]). *Ist B ein Banach-Verband und $z = r_\sigma$ ein Pol der Resolvente $R_z(T)$ des positiven unzerlegbaren Operators T, so ist die Ordnung des Poles* 1.

Beweis. Es gelte in einer Umgebung von $z = r_\sigma$

$$R_z(T) = R_{-n_0}(z - r_\sigma)^{-n_0} + \cdots, \; n_0 > 1, \; R_{-n_0} \neq 0\,. \tag{3.1.3}$$

Es gilt (siehe (0.17)) $R_z(T) \geqq 0$ für $z > r_\sigma$ und folglich $R_{-n_0} = \lim\limits_{z \downarrow r_\sigma} (z - r_\sigma)^{n_0} \times R_z(T) \geqq 0$. Wegen $R^2_{-n_0} = 0$ ist der Raum

$$B_3 := \{x: R_{-n_0}(|\mathrm{Re}\, x| + |\mathrm{Im}\, x|) = \mathrm{o}\}$$

ein nichttrivialer normaler abgeschlossener und für T invarianter Teil-Banach-Verband. Ist $x \in B_3$, so zeigt man nämlich wie beim Beweis von Lemma 3.1.1.

$$R_{-n_0}(|\mathrm{Re}\, T x| + |\mathrm{Im}\, T x|) \leqq T R_{-n_0}(|\mathrm{Re}\, x| + |\mathrm{Im}\, x|) = \mathrm{o}\,, \quad T x \in B_3\,.$$

Dies ist ein Widerspruch ∎.

Lemma 3.1.3. *Es sei B ein Banach-Verband und $T \in [B]$, $0 \leqq T$. Existiert ein streng positives Funktional $F_0 \in N_{T'-r_\sigma I}$, so ist der Raum $N_{T-r_\sigma I}$ ein Banach-Verband. Ist dazu T ein unzerlegbarer Operator, so gilt*

$$\dim N_{T-r_\sigma I} \leqq 1\,.$$

Beweis. Es sei $T x_i = r_\sigma x_i$ $(i = 1, 2)$, $\operatorname{Im} x_i = o$. Dann gilt nach (0.18) $T (x_1 \vee x_2) \geqq (T x_1) \vee (T x_2) = r_\sigma (x_1 \vee x_2)$. Wegen $F_0 \left(T (x_1 \vee x_2) - r_\sigma (x_1 \vee x_2)\right) = 0$ erhalten wir $T (x_1 \vee x_2) = r_\sigma (x_1 \vee x_2)$. Damit ist $N_{T-r_\sigma I}$ ein BANACH-Verband. Insbesondere erhalten wir $T (x_1 \vee o) = r_\sigma (x_1 \vee o)$. Für $x_1 \wedge o \neq o$ ist der Raum

$$B_4 := \{x \colon (T^n \left(|\operatorname{Re} x| + |\operatorname{Im} x|\right)) \wedge |x_1 \wedge o| = o\,, \quad n = 0, 1, 2, \ldots\} \tag{3.1.4}$$

ein normaler abgeschlossener und für T invarianter Teil-BANACH-Verband. Letztere Aussage folgt wieder wie bei Lemma 3.1.1

$$\begin{aligned}(T^n (|\operatorname{Re} T x| + |\operatorname{Im} T x|)) \wedge |x_1 \wedge o| \\ \leqq (T^{n+1} (|\operatorname{Re} x| + |\operatorname{Im} x|)) \wedge |x_1 \wedge o| = o\,,\end{aligned}$$

d. h. $T B_4 \subseteqq B_4$. Ist also $x_1 \vee o \neq o$ und T unzerlegbar, so ist wegen $x_1 \vee o \in B_4$ der Raum B_4 entweder nichttrivial, und wir erhalten einen Widerspruch oder es ist $B_4 = B$, $x_1 \wedge o = o$. Damit sind reelle Elemente aus $N_{T-r_\sigma I}$ entweder positiv oder negativ. Ist nun $o \neq x_1, x_2 \in K \cap N_{T-r_\sigma I}$, so folgt für jede Zahl $z \in [0, 1]$ stets $y(z) := z x_1 - (1 - z) x_2 \in K \cup -K$. Es ist $y(0) \in -K$, $y(1) \in K$. Dann gibt es ein z_0 mit $z_0 x_1 - (1 - z_0) x_2 \in K \cap -K = \{o\}$, d. h.

$$x_1 = \frac{1 - z_0}{z_0} x_2\,, \qquad \dim N_{T-r_\sigma I} \leqq 1 \;\blacksquare\,.$$

Bemerkung 3.1.1. Ist B bedingt vollständig, so ist $N_{T-r_\sigma I}$ ebenfalls bedingt vollständig. Ist nämlich $x_0 = \bigvee_\alpha x_\alpha$, $x_\alpha \in N_{T-r_\sigma I}$, so folgt nach (0.18) sofort $T x_0 \geqq \bigvee_\alpha (T x_\alpha) = r_\sigma x_0$ und wegen $F_0 (T x_0 - r_\sigma x_0) = 0$ sofort $T x_0 = r_\sigma x_0$, $x_0 \in N_{T-r_\sigma I}$.

3.2. Aussagen über unzerlegbare Operatoren

Satz 3.2.1. *Es sei B ein reflexiver AB-Verband und $T \in [B]$, $0 \leqq T$ mit*

$$\text{(a)} \quad \|R_z(T)\| \leqq M_0 (z - r_\sigma)^{-1}, \quad (z > r_\sigma), \qquad \text{(b)} \quad r_\sigma \in \sigma_p(T)\,.$$

Der Operator T ist genau dann unzerlegbar, wenn $N_{T-r_\sigma I} \cap K$ und $N_{T'-r_\sigma I} \cap K^*$ nur streng positive Elemente bzw. Funktionale enthalten.

Beweis. Wegen Lemma 3.1.1 haben wir nur aus den gestellten Bedingungen die Unzerlegbarkeit von T abzuleiten. Es sei T zerlegbar. Dann ist nach Definition 3.1.2

$$T = \begin{pmatrix} T_1 & T_2 \\ 0 & T_3 \end{pmatrix} \begin{pmatrix} X \\ X^d \end{pmatrix} \begin{pmatrix} I - P \\ P \end{pmatrix}, \qquad 0 \neq P \neq I\,. \tag{3.2.1}$$

Es sei $T x_1 = r_\sigma x_1$. Dann gibt es nach Satz 2.1.1 einen positiven Eigenvektor $x_0 \colon T x_0 = r_\sigma x_0$, $x_0 \neq o$.

1. Ist $P x_0 = o$, so folgt $P' F(x_0) = 0$ für alle $F \in K^*$, d. h. $P' F = o$, $P = 0$. Dies ist ein Widerspruch.
2. Es sei $P x_0 \neq o$. Dann folgt $T_3 P x_0 = r_\sigma P x_0$. Nun erhalten wir wie beim Beweis von Satz 2.1.1 durch Anwendung des Satzes von ALAOGLU für $F \in K^*$ mit $P' F(x_0) \neq 0$

$$\begin{gathered}\sigma(X^{d\prime}, X^d) - \lim\, (z_\alpha - r_\sigma)\, R_{z_\alpha}(T_3')\, P' F = : G\,, \qquad z_\alpha > r_\sigma\,, \; z_\alpha \to r_\sigma\,, \\ T_3' G = r_\sigma G\,, \qquad G(P x_0) = P' F(x_0) \neq 0 \qquad G \in K^*\,.\end{gathered}$$

Wegen $T' G = T'_3 G = r_\sigma G$ und $G((I - P)\,x) = 0$ haben wir $(I - P)\,x = o$, $P = I$. Dies ist ein Widerspruch ∎.

Satz 3.2.2. *Es sei T ein unzerlegbarer positiver linearer Operator auf einem bedingt vollständigen* BANACH-*Verband B und $F_0 \in N_{T' - r_\sigma I}$ ein streng positives Funktional. Dann bildet für $r_\sigma = 1$ das Rand-Punktspektrum $\sigma_R(T) \cap \sigma_p(T)$ eine Gruppe.*

Beweis. Es sei $T\,x_i = a_i\,x_i$, $a_i \in \sigma_R(T)$ $(i = 1, 2)$. Dann folgt aus Bemerkung 3.1.1 $T|x_i| = |x_i|$ und aus Lemma 3.1.3

$$|x_1| = e|x_2| \qquad (e \text{ positive Zahl})\,.$$

Damit erhalten wir wegen Lemma 2.1.4

$$a_i^{-1}\,D_i^{-1}\,T\,D_i\,x = T\,x \qquad \text{für} \qquad |x| \leqq M|x_1|$$

d. h.

$$T\,D_1\,D_2^{-1}\,|x_1| = a_1\,D_1(a_1^{-1}\,D_1^{-1}\,T\,D_1)\,D_2^{-1}|x_1| = a_1\,D_1\,T\,D_2^{-1}|x_1|$$
$$= a_1\,a_2^{-1}\,D_1\,D_2^{-1}|x_1| \;∎\,.$$

Lemma 3.2.1. *Ist B ein AB-Verband und $T \in [B]$, $0 \leqq T$ mit*

a) $z = r_\sigma$ *ist ein Pol erster Ordnung von* $R_z(T)$:

$$R_z(T) = e_0\,F_0(x)\,(z - r_\sigma)^{-1} + \cdots\,, \qquad e_0 \in K\,, \qquad F_0 \in K^*$$

(b) $X_{F_0}(B') \neq B'$,
so gilt für die Zerlegung

$$T' = \begin{pmatrix} T_1 & T_2 \\ 0 & T_3 \end{pmatrix} \begin{pmatrix} X_{F_0} \\ X^d_{F_0} \end{pmatrix} \begin{pmatrix} I - P \\ P \end{pmatrix}$$

stets

$$r_\sigma(T_3) < r_\sigma(T)\,, \qquad \sigma_R(T) = \sigma_R(T_1)\,.$$

Beweis. Wir nehmen $r_\sigma(T_3) = r_\sigma(T')$, d. h. nach Bemerkung 2.1.1 $r_\sigma(T') \in \sigma_p(T_3)$, an. Wegen $P\,F_0 = o$ kann der entsprechende Eigenvektor nur der Nullvektor sein, d. h., es ist $r_\sigma(T_3) < r_\sigma(T)$ und nach (0.25) $\sigma_R(T) = \sigma_R(T_1)$ ∎.

Lemma 3.2.2. *Es sei B ein AB-Verband und $T \in [B]$, $0 \leqq T$. Es sei ferner $D \in [B]$, und es gelte*

1. $\mathrm{Re}(b\,D) \leqq I$, $\mathrm{Re}(b\,D^{-1}) \leqq I$, $(|b| = 1)$,
2. $F_0((T^n - a^{-n}\,D^{-1}\,T^n\,D)\,y_0) = 0$, $(y_0 \in K,\ F_0 \in K^*,\ |a| = 1)$.

Dann gilt für $F_0 \in K^* \cap N_{T' - r_\sigma \cdot I}$

$$\langle F, (T^n - a^{-n}\,D^{-1}\,T^n\,D)''\,T''^m\,y\rangle = 0 \qquad \text{für} \qquad |y| \leqq M\,y_0\,,$$
$$|F| \leqq M\,F_0\,, \qquad m, n = 1, 2, \ldots\,. \tag{3.2.2}$$

Beweis. 1. Wir zeigen zunächst (3.2.2) für $m = 0$. Die AB-Verbände B', B'' sind bedingt vollständig (siehe die Aussage nach Definition 0.5). Es gilt nach Lemma 2.2.2 stets $|D'\,F| = |F|$, $|D''\,y| = |y|$. Wir setzen

$$A_n + i\,B_n := a^{-n}\,D^{-1}\,T^n\,D\,, \qquad \mathrm{Im}\,A_n = \mathrm{Im}\,B_n = 0\,.$$

Dann gilt nach Lemma 2.1.3 $T''^n \geqq A''_n$ und folglich für $|F| \leqq M F_0$, $|y| \leqq M y_0$ (siehe Lemma 2.1.2)

$$|\langle F, (T''^n - A''_n) y\rangle \leqq \langle |F|, (T''^n - A''_n) |y|\rangle$$
$$\leqq M^2 \langle F_0, (T''^n - A''_n) y_0\rangle = M^2 \operatorname{Re} \langle F_0, (T^n - a^{-n} D^{-1} T^n D) y_0\rangle = 0 .$$

Weiter ist nach Lemma 2.1.3

$$|B''_n| \leqq |\sin^{-1} \Theta| (T''^n - A''_n) + (1 - \cos \Theta) |\sin^{-1} \Theta| T''^n , \qquad \sin \Theta \neq 0$$

und nach Lemma 2.1.2

$$|\langle F, B''_n y\rangle| \leqq \langle |F|, |B''_n y|\rangle \leqq \langle |F|, |B''_n| |y|\rangle$$
$$\leqq \bigwedge_{\sin \Theta \neq 0} M^2 F_0 (T^n y_0) \frac{(1 - \cos \Theta)}{|\sin \Theta|} = 0 .$$

Damit erhalten wir

$$\langle F, (T^n - a^{-n} D^{-1} T^n D)'' y\rangle = 0 \quad \text{für} \quad |F| \leqq M F_0 , \; |y| \leqq M y_0 . \tag{3.2.3}$$

Setzen wir nun $D'' y = z$, $D'^{-1} F = G$, so wird

$$\langle G, (a^n D T^n D^{-1} - T^n)'' z\rangle = 0 \quad \text{für} \quad |G| \leqq M F_0, \; |z| \leqq M y_0 . \tag{3.2.4}$$

2. Es ist

$$(T^n - a^{-n} D^{-1} T^n D) T^m = (T^{n+m} - a^{-n-m} D^{-1} T^{n+m} D)$$
$$+ a^{-n-m} D^{-1} T^n (T^m - a^m D T^m D^{-1}) D .$$

Nach Lemma 2.1.2 gilt $|T'^n D' F| \leqq T'^n |F|$, und es folgt aus 1.

$$\langle F, (T^n - A_n - i B_n)'' T''^m y\rangle = \langle F, (T^{n+m} - A_{n+m} - i B_{n+m})'' y\rangle$$
$$+ a^{-n-m} \langle T'^n D'^{-1} F, (T^m - A_m - i B_m)'' D'' y\rangle = 0 .$$

Damit ist Lemma 3.2.2 bewiesen ∎.

Satz 3.2.3. *Es sei T ein unzerlegbarer positiver linearer Operator auf einem AB-Verband B und $z = r_\sigma(T) = 1$ ein Pol der Resolvente $R_z(T)$. Dann besteht das Randspektrum nur aus Polen der Resolvente und bildet eine Gruppe.*

Beweis. Es gilt nach Lemma 3.1.2 in einer Umgebung U_0 von $z = 1$

$$R_z(T) = R_{-1} (z - 1)^{-1} + R_0 + \cdots ; \qquad R_{-1} \neq 0 . \tag{3.2.5}$$

Wegen $R_z(T) \geqq 0$ für $z > 1$ erhalten wir

$$T R_{-1} = \lim_{z \downarrow 1} T (z - 1) R_z(T) = \lim_{z \downarrow 1} \big(- (z - 1) I + z (z - 1) R_z(T)\big) = R_{-1} \geqq 0,$$
$$W_{R_{-1}} \subseteqq N_{T-I} , \qquad W_{R'_{-1}} \subseteqq N_{T'-I} .$$

Nach Lemma 3.1.1 sind positive Eigenvektoren von T' streng positiv. Damit ist nach Lemma 3.1.3 sofort $\dim N_{T-I} = 1$:

$$R_{-1} x = e_0 F_0(x) , \qquad e_0 \in K , \qquad F_0 \in K^{*}\,[1]) . \tag{3.2.6}$$

[1]) Für das Spätere sei bemerkt, daß diese Darstellung für den Beweis des Satzes ausreicht.

Nun nehmen wir B als bedingt vollständig und F_0 als ordnungsstetig an (sonst betrachten wir B'' — siehe die Aussage nach Definition 0.5 und Lemma 1.1.2) und können überdies nach Lemma 3.2.1 noch $X_{e_0}(B) = B$ annehmen.

Es sei nun nach Satz 1.2.2

$$T\left((x_i) + N\right) = a\left((x_i) + N\right), \qquad (x_i) + N =: \mathfrak{x} \neq 0, \qquad |a| = 1.$$

Dann folgt nach (2.3.1) des Beweises von Satz 2.3.1

$$T\,\mathfrak{x}_0 \geqq \mathfrak{x}_0, \qquad \mathfrak{x}_0 := (|x_i|) + N.$$

Es existieren Operatoren $D_i \in [B]$ mit

$$|D_i\,y| = |y| = |D_i^{-1}\,y|, \qquad D_i|x_i| = x_i, \qquad y \in B.$$

Weiter sei der Operator $\mathfrak{D} := (D_i)$ wie bei Satz 2.2.3 definiert

$$\mathfrak{D}\left((y_i) + N\right) = (D_i\,y_i) + N.$$

Es ist $\mathrm{Re}(b\,\mathfrak{D}) \leqq I$, $\mathrm{Re}(b\,\mathfrak{D}^{-1}) \leqq I$, $(|b| = 1)$. Nun gilt

$$\langle F_0, (T^n - a^{-n}\,\mathfrak{D}^{-1}\,T^n\,\mathfrak{D})\,\mathfrak{x}_0\rangle = \langle F_0, (T^n - I)\,\mathfrak{x}_0\rangle = 0, n = 0, 1, 2, \ldots.$$

Hieraus folgt nach Lemma 3.2.2

$$\langle F_0, (T^n - a^{-n}\,\mathfrak{D}^{-1}\,T^n\,\mathfrak{D})\,R_{-1}\,\mathfrak{x}_0\rangle = \lim_{z\downarrow 1}\langle F_0, (T^n - a^{-n}\,\mathfrak{D}^{-1}\,T^n\,\mathfrak{D})(z-1)\,R_z\,\mathfrak{x}_0\rangle$$

$$\lim_{z\downarrow 1}\sum_{m=0}^{\infty}(z-1)\,z^{-m-1}\,\langle F_0, (T^n - a^{-n}\,\mathfrak{D}^{-1}\,T^n\,\mathfrak{D})\,T^m\,\mathfrak{x}_0\rangle = 0.$$

Wegen $T\,\mathfrak{x}_0 \geqq \mathfrak{x}_0$ folgt für $z > 1$ sofort

$$(z-1)\,R_z(T)\,\mathfrak{x}_0 = (z-1)\sum_{n=0}^{\infty} z^{-n-1}\,T^n\,\mathfrak{x}_0 \geqq \mathfrak{x}_0,$$

und wir erhalten

$$R_{-1}\,\mathfrak{x}_0 = \left(e_0\,F_0(|x_i|)\right) + N = \lim_{z\downarrow 1}(z-1)\,R_z(T)\,\mathfrak{x}_0 \geqq \mathfrak{x}_0 \neq o. \tag{3.2.7}$$

Damit können wir $F_0(|x_i|) \geqq M_0 > 0$, $R_{-1}\,\mathfrak{x}_0 \geqq M_0\,e_0$ annehmen (sonst betrachten wir eine Teilfolge der x_i) und erhalten nach Lemma 2.2.3

$$\langle F, (T^n - a^{-n}\,\mathfrak{D}^{-1}\,T^n\mathfrak{D})\,x\rangle = 0 \quad \text{für} \quad |x| \leqq M\,e_0,\ |F| \leqq M\,F_0.$$

Ist nun $o \leqq x \in X_{e_0}(B) = B$, so folgt wegen $x_k := k\,e_0 \wedge x \uparrow x$ aus Lemma 2.1.2 und Lemma 2.2.2

$$|\langle F, (T^n - a^{-n}\,\mathfrak{D}^{-1}\,T^n\,\mathfrak{D})\,x\rangle| = |\langle(T^n - a^{-n}\,\mathfrak{D}^{-1}\,T^n\,\mathfrak{D})'\,F, x - x_k\rangle|$$

$$\leqq \bigwedge_k |\langle(T'^n + T'^n)\,|F|, x - x_k\rangle| = \bigwedge_k 2\,M < F_0, x - x_k\rangle = 0.$$

Letzterer Schluß folgt aus der Ordnungsstetigkeit von F_0. Damit erhalten wir schließlich nach Lemma 1.1.2

$$\langle F, (T^n - a^{-n}\,\mathfrak{D}^{-1}\,T^n\,\mathfrak{D})\,x\rangle = 0 \quad \text{für} \quad F \in X_{F_0}\left((\sqcap B)'\right) =: Y, \tag{3.2.8}$$

$$x \in X_{e_0}(B) = B \subseteq \sqcap B.$$

Es bezeichne P_0 die Projektion auf die Komponente Y^d und $A := \{(F_i)\} \subseteqq \subseteqq (\sqcap B)'$. Dann gilt wegen

$$\langle R'_{-1}(F_i), (x_i) + N\rangle = BL\langle F_i, R_{-1}\, x_i\rangle = BL\langle R'_{-1}\, F_i, x_i\rangle = BL\langle F_0\, F_i(e_0), x_i\rangle$$

$$R'_{-1}(F_i) = F_0\, F_i(e_0), P_0\, R'_{-1}(F_i) = o\,.$$

Mit $(F_i) \in A$ gilt auch $(|F_i|) \in A$ und folglich für $|F| \leqq M(|F_i|)$ nach Lemma 2.1.2 sofort $|P_0\, R'_{-1}\, F| \leqq P_0\, R'_{-1}|F| = o$. Nach Lemma 1.1.2 folgt

$$P_0\, R'_{-1}\, F = o \quad \text{für} \quad F \in X_A((\sqcap B)') =: X_A\,. \tag{3.2.9}$$

Es gilt nach Folgerung 1.1.2 sofort $T'\, X_A \subseteqq X_A$ und wir können T' auf X_A einschränken; (3.2.9) ergibt mit (0.25) und Bemerkung 2.1.1

$$T' = \begin{pmatrix} A_1 & A_2 \\ 0 & A_3 \end{pmatrix} \begin{pmatrix} Y \\ Y^d \cap X_A \end{pmatrix} \begin{pmatrix} P \\ Q \end{pmatrix}, R_z(T') = \begin{pmatrix} R_z(A_1) & R_z(A_1)\, A_2\, R_z(A_3) \\ 0 & R_z(A_3) \end{pmatrix}, \tag{3.2.10}$$

$$r_\sigma(A_3) < r_\sigma(A_1) = r_\sigma(T)\,. \tag{3.2.11}$$

Nun folgt aus (3.2.8) für $F \in Y$, $x \in B$, $|z| > 1$

$$\langle F, R_z(T)\, x\rangle = \sum_{n=0}^{\infty} z^{-n-1}\, F(T^n\, x) = a \sum_{n=0}^{\infty} (z\, a)^{-n-1} \langle F, \mathfrak{D}^{-1}\, T^n\, \mathfrak{D}\, x\rangle =$$

$$= a\langle F, \mathfrak{D}^{-1}\, R_{za}(T)\, \mathfrak{D}\, x\rangle$$

und für beliebiges $F \in X_A$, $x \in B$

$$\langle F, R_z(T)\, x\rangle = \langle P\, F, R_z(T)\, x\rangle + \langle Q\, F, R_z(T)\, x\rangle = a\langle P\, F, \mathfrak{D}^{-1}\, R_{za}(T)\, \mathfrak{D}\, x\rangle$$

$$+ \langle R_z(A_1)\, A_2\, R_z(A_3)\, Q\, F, x\rangle + \langle R_z(A_3)\, Q\, F, x\rangle = a\langle P\, F, \mathfrak{D}^{-1}\, R_{za}(T)\, \mathfrak{D}\, x\rangle$$

$$+ \langle R_z(T')\, A_2\, R_z(A_3)\, Q\, F, x\rangle + \langle R_z(A_3)\, Q\, F, x\rangle$$

$$= a\, \langle (P\, F + A_2\, R_z(A_3)\, Q\, F), \mathfrak{D}^{-1}\, R_{za}(T)\, \mathfrak{D}\, x\rangle + \langle R_z(A_3)\, Q\, F, x\rangle\,.$$

Da $\mathfrak{D}$ nach Satz 1.1.1 stetig ist, können wir $(z - \bar{a})\, \langle F, R_z(T)\, x\rangle$ in $z = \bar{a}$ holomorph und stetig in $F \in X_A$, $x \in B$ fortsetzen:

$$|\langle F, R_z(T)\, x\rangle| \leqq (\|F\|\, \|P\| + \|A_2\, R_z(A_3)\|\, \|Q\|\, \|F\|)\, \|\mathfrak{D}^{-1}\, R_{za}(T)\, \mathfrak{D}\, x\|$$

$$+ \|R_z(A_3)\|\, \|Q\|\, \|F\|\, \|x\| \leqq M\|F\|\, \|x\|\, \|R_{za}(T)\|\,, \quad z \neq \bar{a}\,.$$

Nun ist $B' \subseteqq X_A$, d. h., wir können $(z - \bar{a})\, R_z(T)$ (als Funktion in $[B]$!) in eine Umgebung von $z = \bar{a}$ holomorph fortsetzen. Offenbar ist mit $a \in \sigma(T)$ auch $\bar{a} \in \sigma(T)$:

$$T\, (\operatorname{Re} \mathfrak{x} - i \operatorname{Im} \mathfrak{x}) = \bar{a}\, (\operatorname{Re} \mathfrak{x} - i \operatorname{Im} \mathfrak{x})\,.$$

Damit erhalten wir insgesamt, daß das Randspektrum nur aus Polen der Resolvente besteht. Nach Satz 3.2.2 bildet $\sigma_R(T)$ eine Gruppe ∎.

Im folgenden wollen wir zeigen, daß für die Aussage

„$z = r_\sigma$ sei Pol von $R_z(T)$, $a \in \sigma_R(T) \Rightarrow a$ ist Pol von $R_z(T)$"

die Bedingung $\dim N_{T - r_\sigma I} < \infty$ hinreichend ist.

Lemma 3.2.3. *Es gelte in einem AB-Verband B mit* $T \in [B]$, $0 \leqq T$

$$R_z(T) = R_{-1}\, (z - 1)^{-1} + R_0 + \cdots, \qquad r_\sigma(T) = 1$$

in einer Umgebung U_0 *von* $z = r_\sigma = 1$. *Dann existiert eine Komponente* X *mit streng positivem* b *in*

$$T'' = \begin{pmatrix} A & B \\ 0 & C \end{pmatrix} \begin{pmatrix} X \\ X^d \end{pmatrix}, \quad R''_{-1} = \begin{pmatrix} 0 & a \\ 0 & b \end{pmatrix} \begin{pmatrix} X \\ X^d \end{pmatrix}, \quad r_\sigma(A) < r_\sigma(T) .$$

Beweis. Es sei $X: = \{x \in B'': R''_{-1}|x| = o\}$. Dann ist X nach Lemma 1.1.2 eine Komponente. Es gilt nach Lemma 2.1.2 stets $R''_{-1}|T'' x| \leqq R''_{-1} T''|x|$, d. h., es ist $T'' X \subseteqq X$:

$$T'' = \begin{pmatrix} A & B \\ 0 & C \end{pmatrix} \begin{pmatrix} X \\ X^d \end{pmatrix} \begin{pmatrix} I - P \\ P \end{pmatrix}.$$

Ferner ist $R''_{-1} = \begin{pmatrix} 0 & a \\ 0 & b \end{pmatrix}$ und wegen $R''_{-1} = R''^2_{-1} = \begin{pmatrix} 0 & a\,b \\ 0 & b^2 \end{pmatrix}$ ergibt sich aus $b\,P|x| = o$ immer $R''_{-1} P|x| = o$, d. h. $P|x| = o$. Nach Bemerkung 2.1.1 ist $r_\sigma(A) < r_\sigma(T)$ ∎.

Lemma 3.2.4. *Ist* T *ein linearer Operator auf einem Vektorraum* B *mit* $\dim N_T < \infty$, $\dim W_T < \infty$, so gilt

$$\dim B = \dim N_T + \dim W_T < \infty .$$

Beweis. Die Abbildung $T\,x \to x + N_T$ ist eine lineare eineindeutige Abbildung von W_T auf B/N_T. Nach G. Köthe [17], S. 58, gilt dann

$$\dim B = \dim N_T + \dim B/N_T = \dim N_T + \dim W_T \;∎ .$$

Lemma 3.2.5. *Ist* $z = r_\sigma$ *ein Pol von* $R_z(T)$ *auf einem* Banach*-Raum* B *mit* $T \in [B]$ *und* $\dim N_{T - r_\sigma I} < \infty$, *so ist auch* $\dim N_{T'' - r_\sigma I} < \infty$.

Beweis. Wir können uns auf den Raum $E\,B$, $E: = \frac{1}{2\pi i} \oint\limits_K R_z(T)\,dz$ beschränken (K ist ein Kreis um $z = r_\sigma$, der kein weiteres Spektrum enthält). Damit können wir $r_\sigma = 0$ annehmen und erhalten

$$R_z(T) = z^{-1}\,I + \cdots + z^{-m-1}\,T^m .$$

Wegen $\dim N_T < \infty$ und Lemma 3.2.3 ist $\dim W_{T^{m-1}} < \infty$. Dann erhalten wir durch $(m - 1)$-fache Anwendung von Lemma 3.2.3 sofort $\dim B < \infty$, d. h. $\dim N_{T'} < \infty$ ∎.

Lemma 3.2.6. *Es sei* B *ein AB-Verband,* $T \in [B]$. $0 \leqq T$ *und* $z = r_\sigma$ *ein Pol erster Ordnung von* $R_z(T)$ *mit* $\dim N_{T - r_\sigma I} < \infty$. *Dann ist jeder Punkt aus* $\sigma_R(T)$ *ein Pol der Resolvente* $R_z(T)$.

Beweis. Dazu betrachten wir T'' und können nach Lemma 3.2.3 und Bemerkung 2.1.1 stets $T'' = C$ annehmen. Nach Lemma 3.2.5 ist $\dim N_{T'' - r_\sigma I} < + \infty$. $N_{T'' - r_\sigma I}$ ist ein Banach-Verband. Ist nämlich $T''\,x_i = r_\sigma\,x_i$, $\text{Im}\,x_i = o$ $(i = 1{,}2)$, so folgt nach (0.18)

$$T''\,(x_1 \vee x_2) \geqq (T''\,x_1) \vee (T''\,x_2) = r_\sigma\,(x_1 \vee x_2) .$$

Da R''_{-1} streng positiv ist, folgt aus

$$R''_{-1}(T''(x_1 \vee x_2) - r_\sigma (x_1 \vee_1 x_2)) = o \qquad \text{sofort } T'' (x_1 \vee x_2) = r_\sigma(x_1 \vee x_2) .$$

Nach Lemma 1.1.2 ist $N_{T''-r_\sigma I}$ bedingt vollständig. Stellen wir $N_{T''-r_\sigma I}$ als ein Fundament eines Raumes $C_\infty(Q)$ dar (siehe Satz 0.2), so enthält für $\dim N_{T''-r_\sigma I} = n$ der Raum Q genau n Punkte. Damit existieren genau n paarweise disjunkte Elemente $o \neq y_k \in N_{T''-r_\sigma I} \cap K^{**}$: $y_k \wedge y_j = o$ $(k \neq j)$. Es gilt:

1. Nach Lemma 2.1.2 gilt für $|x| \leqq M\, y_k$ stets $|T''\, x| \leqq T''\, My_k = r_\sigma\, M\, y_k$. Da der Operator T'' nach Folgerung 1.1.1 ordnungsstetig ist, erhalten wir nach Folgerung 1.1.2 sofort $T''\, X_k \subseteqq X_k$, $X_k := X_{y_k}(B'')$.

2. Nach Konstruktion gilt $\dim N_{(T''-r_\sigma I)/X_k} = 1$.

3. Es gilt $\left(\sum\limits_{k=1}^{n} X_k\right) + Y = B''$, $Y = \left(\sum\limits_{k=1}^{n} X_k\right)^d$, $n = \dim N_{T''-r_\sigma I}$ und nach (0.25) und Bemerkung 2.1.1

$$T'' = \begin{pmatrix} T_1 & T_2 \\ 0 & T_3 \end{pmatrix} \begin{pmatrix} \sum\limits_{k=1}^{n} X_k \\ Y \end{pmatrix}, \quad R_z(T) = \begin{pmatrix} R_z(T_1) & R_z(T_1)\, T_2\, R_z(T_3) \\ 0 & R_z(T_3) \end{pmatrix}, \; r_\sigma(T_3) < r_\sigma(T) .$$

Damit braucht man nur die Aussage für $T''|X_k$ $(k = 1, 2, \ldots, n)$ zu beweisen. Es gilt für $x \in X_k$

$$R_{-1}(T''|X_k)\, x = e_k\, F_k(x) , \qquad o \leqq e_k , \qquad o \leqq F_k .$$

Unter Beachtung der Fußnote von Abschnitt 3 folgt Lemma 3.2.6 aus Satz 3.2.3 ∎.

Satz 3.2.4. *Es sei B ein AB-Verband, $T \in [B]$, $0 \leqq T$ und $z = r_\sigma$ ein Pol der Resolvente $R_z(T)$ mit* $\dim N_{T-r_\sigma I} < \infty$. *Dann ist jeder Punkt aus $\sigma_R(T)$ ein Pol der Resolvente $R_z(T)$.*

Beweis. Nach Lemma 3.2.5 gilt auch $\dim N_{T''-r_\sigma I} < +\infty$. Nun sei in einer Umgebung U_0 von $z = r_\sigma$

$$R_z(T'') = R''_{-n_0}(z - r_\sigma)^{-n_0} + \cdots , \qquad n_0 \geqq 2 , \qquad R_{-n_0} \neq 0 .$$

Nach (0.17) gilt $R_{-n_0} = \lim\limits_{z \downarrow r_\sigma} (z - r_\sigma)^{n_0}\, R_z(T) \geqq 0$. Es sei

$$X_{-n_0} := \{x \in B'' : R''_{-n_0}|x| = o\} .$$

Dann ist X_{-n_0} nach Lemma 1.1.2 eine Komponente. Es gilt nach Lemma 2.1.2 $R''_{-n_0}|T''\, x| \leqq T''\, R''_{-n_0}|x|$, d. h. $T''\, X_{-n_0} \subseteqq X_{-n_0}$. Nach (0.25) ist

$$T'' = \begin{pmatrix} T_1 & T_2 \\ 0 & T_3 \end{pmatrix} \begin{pmatrix} X_{-n_0} \\ X^d_{-n_0} \end{pmatrix}, \quad R_z(T) = \begin{pmatrix} R_z(T_1) & R_z(T_1)\, T_2\, R_z(T_3) \\ 0 & R_z(T_3) \end{pmatrix} \qquad (3.2.12)$$

Es war $R_{-n_0} \geqq 0$. Damit folgt wegen $R^2_{-n_0} = 0$

$$R''_{-n_0} = \begin{pmatrix} 0 & a_{n_0} \\ 0 & 0 \end{pmatrix} \begin{pmatrix} X_{-n_0} \\ X^d_{-n_0} \end{pmatrix}.$$

Folglich haben $R_z(T_1)$ und $R_z(T_3)$ bei $z = r_\sigma$ Pole von höchstens $(n_0 - 1)$-ter Ordnung. Aus Lemma 3.2.5 folgt

$$\dim N_{T_1 - r_\sigma I} \leqq \dim N_{T - r_\sigma I} < +\infty,$$
$$\dim N_{T_3' - r_\sigma I} \leqq \dim N_{T''' - r_\sigma I} < +\infty, \quad \text{d. h.}$$
$$\dim N_{T_3 - r_\sigma I} \leqq \dim N_{T_3'' - r_\sigma I} < +\infty.$$

Ist die Ordnung des Poles Eins, so folgt Satz 3.2.4 aus Lemma 3.2.6 . Bei der Zerlegung (3.2.12) gilt $\sigma(T) \subseteqq \sigma(T_1) \cup \sigma(T_3)$. Damit ergibt sich Satz 3.2.4 durch einen Induktionsbeweis ▮.

Das folgende Beispiel soll zeigen, daß man die Bedingung $\dim N_{T - r_\sigma I} < \infty$ von Satz 3.2.4 nicht entbehren kann.

Beispiel 3.2.1. Es sei $A_b = \begin{pmatrix} 1-b & b \\ 1 & 0 \end{pmatrix} \in [R^2]$, $0 < b < 1$. Dann folgt $||A_b||_{l^2} \leqq 2$ für alle b und $\sigma(A_b) = \{1, -b\}$. Für $b_n \uparrow 1$ sei

$$T := \begin{pmatrix} A_{b_1} & 0 & \\ 0 & A_{b_2} & \\ & & \ddots \end{pmatrix} \in [l^2] .^{1)}$$

Dann ist

$$||T||_{l^2} \leqq 2, \quad \sigma_p(T) = \{1, -b_n;\, n = 1, 2, \ldots\}, \quad \sigma(T) = \sigma_p(T) \cup \{-1\}$$

und $z = r_\sigma$ ist ein Pol erster Ordnung der Resolvente $R_z(T)$ mit $\dim N_{T - r_\sigma I} = \infty$.

Als letztes Resultat dieses Abschnittes führen wir ein Kriterium für primitive positive lineare Operatoren an. Die Aussage des Satzes 3.2.5 wurde für den Fall der Räume $l^p_{1<p<\infty}$ schon von F. Niiro in [33] bewiesen.

Definition 3.2.1. Ein positiver linearer Operator auf einem AB-Verband B heißt *primitiv*, wenn $\sigma_R(T) = \{r_\sigma\}$ gilt.

Satz 3.2.5. *Es sei B ein AB-Verband und $T \in [B]$, $0 \leqq T$, mit:*

(a) *$z = r_\sigma$ sei ein Pol der Resolvente $R_z(T)$.*

(b) *Es sei $(T'')^n$ unzerlegbar für alle n.*

Dann ist T primitiv.

Beweis. Nach Satz 3.2.3 sind die Voraussetzungen von Behauptung 2.3.1 erfüllt. Ist also T nicht primitiv, so ist $(T'')^n$ für ein geeignetes n zerlegbar. Dies widerspricht (b) ▮.

4. Ein Kriterium dafür, daß ein Operator nicht quasi-nilpotent ist

Die Aussagen der Abschnitte 2 und 3 sind alle nur für Operatoren mit positivem Spektralradius, d. h. für nicht quasi-nilpotente Operatoren interessant. Aus diesem Grunde erweitern wir ein Kriterium von T. Ando. T. Ando zeigte in [1], daß jeder vollstetige total-stetige unzerlegbare positive lineare Operator T auf einem reflexiven AB-Verband nicht quasi-nilpotent sein kann. In diesem Abschnitt soll gezeigt werden, daß die Eigenschaften Vollstetigkeit des Opera-

---

1) Die freien Stellen außerhalb der Diagonale seien durch den Nulloperator belegt.

tors T, Reflexivität des Raumes B und im besonderen die Normalität des Kegels K bei Hinzunahme einer anderen schwachen Forderung an den Raum B entbehrt werden können (Satz 4.2.1). Diese Bedingung ist für den Fall eines reflexiven AB-Verbandes bei Existenz eines unzerlegbaren positiven linearen Operators immer erfült. Der Beweis des Kriteriums beruht auf der Idee von T. Ando [1]. Die Änderung der Voraussetzungen macht einen Störungssatz für positive lineare Operatoren (Satz 4.1.1) und einige Lemmata in Abschnitt 4.2 notwendig. Mit den Bemerkungen 4.2.1, 4.2.2 charakterisieren wir die total-stetigen Operatoren in den Räumen $L^p(X, \Sigma, \mu)_{1 \leqq p < \infty}$ als Integraloperatoren $\int\limits_X K(s, t) f(t)\, d\mu(t)$.

4.0. Einige Bezeichnungen

Es sei B ein Banach-Raum mit erzeugendem Kegel K. Mit $\mathcal{L}(B)$ bzw. $\mathcal{L}(K^* - K^*)$ bezeichnen wir den Raum der linearen Operatoren von B bzw. $K^* - K^*$ in sich. Wir setzen für $T \in \mathcal{L}(K^* - K^*)$:

(a) $r_\sigma(T|K^*) := \inf \left\{ z > 0 \colon \sum\limits_{n=0}^{\infty} z^{-n-1}\, T^n F \text{ konvergiert für alle } F \in K^* \right\}$,

(b) $\sigma_p(T|K^*) := \{z \colon \text{Es existiert ein } o \neq F \in K^* \text{ mit } T F = z F\}$,

(c) $R_z(T) F := \sum\limits_{n=0}^{\infty} z^{-n-1}\, T^n F$ für $z > r_\sigma(T|K^*)$, $F \in K^*$.

Diese Definitionen sind im besonderen für positive lineare Operatoren T, die durch einen stetigen linearen Operator A majorisiert werden ($T \leqq A$) sinnvoll.

Nach Theorem 1 der Arbeit [3] ist für einen erzeugenden Kegel K der Kegel K^* normal, und es gilt folglich

$$0 \leqq A \leqq C \Rightarrow r_\sigma(A|K^*) \leqq r_\sigma(C|K^*)\,, \quad A, C \in \mathcal{L}(K^* - K^*)\,. \tag{4.0.1}$$

Es ist für einen positiven linearen Operator C mit $0 \leqq C \leqq A_0$, $A_0 \in [B']$ für $z > r_\sigma(C|K^*)$ stets $C R_z(C) = -I + z R_z(C)$. Es ist nämlich auf Grund der Normalität von K*

$$o \leqq C \sum_{n=m}^{\infty} z^{-n-1}\, C^n F \leqq A_0 \sum_{n=m}^{\infty} z^{-n-1}\, C^n F\,,$$

d. h.

$$\lim_{m\to\infty} \left\| C \sum_{n=m}^{\infty} z^{-n-1}\, C^n F \right\| \leqq \lim_{m\to\infty} C_0\, \|A_0\| \left\| \sum_{n=m}^{\infty} z^{-n-1}\, C^n F \right\| = 0\,.$$

Wir erhalten also

$$C R_z(C) F = \lim_{m\to\infty} C \sum_{n=0}^{m} z^{-n-1}\, C^n F = -I + z R_z(C) F\,.$$

Nach einem von M. G. Krein und M. A. Rutman bewiesenen Satz (siehe [21], S. 49) gibt es für einen vollstetigen positiven linearen Operator T zum Wert $z = r_\sigma(T)$ ein Funktional $o \neq F_0 \in K^*$ mit $T' F_0 = r_\sigma(T) F_0$. Hieraus folgt für $z > r_\sigma(T)$

$$R_z(T') F_0 = \sum_{n=0}^{\infty} z^{-n-1}\, T'^n F_0 = (z - r_\sigma)^{-1} F_0\,,$$

d. h.

$$r_\sigma(T) = r_\sigma(T'|K^*)\,, \quad T \text{ vollstetig.} \tag{4.0.2}$$

Einen linearen stetigen Operator T nennen wir quasi-nilpotent, wenn gilt

$$r_\sigma(T) = 0\,. \tag{4.0.3}$$

Schließlich bezeichne $\mathfrak{T}_s$ die durch das Dualsystem $\langle B, K^* - K^*\rangle$ erzeugte schwache Operatorentopologie auf $\mathcal{L}(B)$ mit der Umgebungsbasis

$$U(T_0; x_1, \ldots, x_n; F_1, \ldots, F_n; e) =$$
$$\{T \in \mathcal{L}(B)\colon |\langle F_i, (T - T_0)\, x_k\rangle| \leqq e \quad \text{für } i, k = 1, \ldots, n;$$
$$x_k \in B,\, F_i \in K^* - K^*, \quad e \text{ positive Zahl}\}\,.$$

Ist der Kegel K in B erzeugend und normal, so ist jeder lineare positive (überall definierte) Operator auf B stetig (siehe [3]).

4.1. Ein Störungssatz für positive lineare Operatoren

Um später ein Kriterium für nicht quasi-nilpotente Operatoren zeigen zu können, beweisen wir einen Störungssatz für eine wachsende Folge positiver linearer Operatoren. Dieser Satz ist eine Verallgemeinerung eines entsprechenden Satzes in [1] für eine monoton wachsende Folge (A_i) linearer positiver vollstetiger Operatoren auf einem reflexiven AB-Verband. Die entsprechende Aussage über die Konvergenz der Spektralradien $r_\sigma(A_i)$ ist bei Interpretation der Operatoren A_i als stetige Funktionen auf dem topologischen Produkt der mit den schwachen Topologien versehenen Einheitskugeln in B und B' eine Folgerung des Satzes von Dini (siehe [1]).

Lemma 4.1.1. *Es sei B ein Banach-Raum mit erzeugendem Kegel K; A_i, C_i seien lineare Operatoren ($i = 1, 2, \ldots$) mit*

(a) $0 \leqq A_i \leqq A_{i+1} \leqq \cdots \leqq A_0\,, \quad A_i \in \mathcal{L}(B)\,,$

(b) $0 \leqq C_i \leqq C_{i+1} \leqq \cdots \leqq A_0'\,, \quad C_i \in \mathcal{L}\,(K^* - K^*)\,,$

(c) *A_0 sei ein vollstetiger linearer Operator,*

(d) $F(A_i\, x) \leqq C_i\, F(x)$ *für* $x \in K,\ F \in K^*\,,$

(e) *es gelte* $\mathfrak{T}_s\text{-}\lim A_0\,(A_0 - A_i) = 0\,.$

Dann gilt für $\sup\limits_{i\geqq 1} r_\sigma(C_i|K^*) < z_0 \notin \sigma_p(A_0'|K^*)$

$$\sup_{i\geqq 1} ||R_{z_0}(C_i)\, F|| \leqq M_0||F||\,, \qquad F \in K^*\,. \tag{4.1.1}$$

Beweis. Aus Theorem 1 der Arbeit [3] folgt, daß der Kegel K^* normal ist. Nach (4.0.1) ist die Zahlenfolge $(r_\sigma(C_i|K^*))$ monoton wachsend. Für $F_i \in K^*$ sei $\lim\limits_{i\to\infty} ||R_{z_0}(C_i)\, F_i||\; ||F_i||^{-1} = \infty$. Es gilt folgende Abschätzung:

$$-\frac{F_i}{||R_{z_0}(C_i)F_i||} \leqq (A_0' - C_i)\,\frac{R_{z_0}(C_i)F_i}{||R_{z_0}(C_i)F_i||} - \frac{F_i}{||R_{z_0}(C_i)F_i||}$$
$$= (A_0' - z_0\, I)\,\frac{R_{z_0}(C_i)F_i}{||R_{z_0}(C_i)F_i||} \leqq A_0'\,\frac{R_{z_0}(C_i)F_i}{||R_{z_0}(C_i)F_i||}\,. \tag{4.1.2}$$

Die Menge $\overline{Z}^{\sigma(B',B)}$, $Z\colon = \{G_i\colon = R_{z_0}(C_i)\; F_i\; ||R_{z_0}(C_i)\; F_i||^{-1}\}$ ist nach dem Satz von Alaoglu schwach kompakt. Es sei also $\sigma(B', B) - \lim G_\alpha = G_0$, $\{\alpha\}$ ist ein gerichtetes System mit $\alpha \geqq i_0$ für $\alpha \geqq \alpha_0$ (siehe auch den Beweis von Satz 2.1.1). Wir unterscheiden zwei Fälle.

1. Es sei $G_0 = o$. Dann folgt aus der Normalität des Kegels K^* und $\|A_0' G_\alpha\| \to 0$ aus (4.1.2) auch $z_0\|G_\alpha\| \to 0$. Dies ist ein Widerspruch.

2. Es sei $G_0 \neq o$. Dann gilt für $x \in K$

$$A_0' G_0(x) = \lim_\alpha G_\alpha(A_0 x) = \lim_\alpha A_0' G_\alpha(x) \geqq \lim_\alpha C_\alpha G_\alpha(x) = z_0 \lim_\alpha G_\alpha(x) = z_0 G_0(x). \tag{4.1.3}$$

Ferner gilt für $x \in K$

$$\begin{aligned} 0 &\leqq (A_0' - z_0 I) G_0(x) = \lim_\alpha G_\alpha\big((A_0 - z_0 I) x\big) = \\ &\lim_\alpha [(A_0' - C_\alpha) G_\alpha(x) + (C_\alpha - z_0 I) G_\alpha(x)] = \\ &\lim_\alpha (A_0' - C_\alpha) G_\alpha(x) \leqq \overline{\lim_\alpha} G_\alpha\big((A_0 - A_\alpha) x\big) \\ &\leqq \overline{\lim_i}\, \overline{\lim_\alpha} G_\alpha\big((A_0 - A_i) x\big) = \overline{\lim_i} G_0\big((A_0 - A_i) x\big) \end{aligned}$$

und wegen (4.1.3)

$$0 \leqq (A_0' - z_0 I) G_0(x) \leqq \overline{\lim_i} z_0^{-1} G_0\big(A_0 (A_0 - A_i) x\big) = 0\,. \tag{4.1.4}$$

Dies bedeutet $A_0' G_0 = z_0 G_0$ und wir erhalten wegen $z_0 \notin \sigma_p(A_0'|K^*)$ auch im Fall 2. einen Widerspruch ∎.

Lemma 4.1.2. *Unter den Bedingungen von Lemma* 4.1.1 *und* $C_i F(x) = F(A_i x)$ *für* $x \in K$, $F \in K^*$ *gilt*

$$r_\sigma(C_i|K^*) \in \sigma_p(C_i|K^*)\,, \quad \big(r_\sigma(C_i|K^*) \neq 0\big)\,.$$

Beweis. Wir zeigen zunächst $\lim_{z \downarrow r_i} \left\{\sup_{F \in K^*} \|R_z(C_i) F\|\, \|F\|^{-1}\right\} = \infty$, $r_i := r_\sigma(C_i|K^*)$. Gilt dies nicht, so kann man wegen $\|R_z(C_i) F\| \leqq M_0 \|F\|$, $F \in K^*$, die Funktion $R_z(C_i) F$ für $z_0 > r_i$ und $M_0 (z_0 - r_i) < 1$ durch die Reihe

$$F(z) := \sum_{n=0}^\infty \frac{d^n R_z(C_i) F}{dz^n}\bigg|_{z=z_0} \frac{(z - z_0)^n}{n!} = \sum_{n=0}^\infty R_z^{n+1} F\bigg|_{z=z_0} (z_0 - z)^n \tag{4.1.5}$$

(siehe N. Dunford–J. T. Schwartz [10], S. 566) holomorph in eine Umgebung U_0 von $z = r_i$ fortsetzen. Es folgt für $z \in U_0$ aus (4.1.5) und

$$(-1)^n \frac{d^n R_z F}{dz^n}\bigg|_{z=z_0} = \sum_{l=0}^\infty \binom{n+l}{n} n!\, z_0^{-l-n-1} C_i^l F$$

$$F(z) \geqq \sum_{n=0}^\infty \binom{n+l}{n} \frac{(z_0 - z)^n}{z_0^{n+l+1}} C_i^l F = z^{-l-1} C_i^l F,\ z_0 > z\,. \tag{4.1.6}$$

(Die Beziehung $\sum_{n=0}^\infty \binom{n+l}{n} (z_0 - z)^n z_0^{-n-l-1} = z^{-l-1}$ ist äquivalent zu $R_z(V) = \sum_{n=0}^\infty \frac{d^n R_z(V)}{dz^n}\Big|_{z=z_0} \frac{(z - z_0)^n}{n!}$, wobei V der Verschiebungsoperator auf l^2 und $\operatorname{Max}(z_0, z) > 1$ ist.)

Damit konvergiert wegen der Normalität von K^*, d. h. $||C_i^l F|| \leqq z^{l+1}||F(z)||\, C_0$ für $\lambda \in U_0$ die Reihe

$$\sum_{l=0}^{\infty} \lambda^{-l-1} C_i^l F = \sum_{l=0}^{\infty} \left(\frac{z}{\lambda}\right)^{l+1} \frac{C_i^l F}{z^{l+1}} . \tag{4.1.7}$$

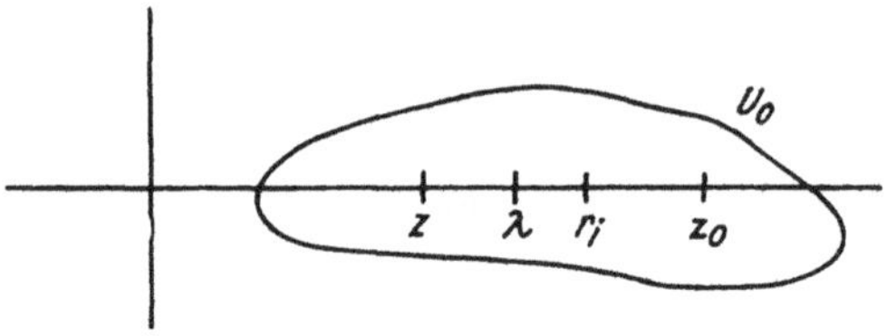

Abb. 3

Dies ist ein Widerspruch, d. h., es gilt

$$\lim_{\substack{z_k \downarrow r_i \\ k\to\infty}} ||R_{z_k}(C_i)\, F_k||\; ||F_k||^{-1} = \infty , \qquad F_k \in K^* .$$

Es gilt für $G_k := R_{z_k}(C_i)\, F_k\, ||R_{z_k}(C_i)\, F_k||^{-1}$

$$(C_i - r_i I)\, G_k = -\, ||R_{z_k}(C_i)\, F_k||^{-1}\, F_k + (z_k - r_i)\, G_k \underset{k\to\infty}{\rightarrow} o . \tag{4.1.8}$$

Wie bei Lemma 4.1.1 sei $\sigma(B', B) - \lim G_\alpha = G_0$ angenommen($\{\alpha\}$ gerichtetes System, $\alpha \geqq i_0$ für $\alpha \geqq \alpha_0$). Entsprechend des dortigen Beweises folgt aus $G_0 = o$ wegen der Normalität von K^*

$$||C_i\, G_\alpha|| \leqq C_0 ||A_0'\, G_\alpha|| \to 0 .$$

Dies ist für $r_i \neq 0$ ein Widerspruch zu (4.1.8). Damit folgt $G_0 \neq o$ und

$$(C_i - r_i I)\, G_0(x) = G_0\big((A_i - r_i I)\, x\big) = \lim_\alpha G_\alpha\big((A_i - r_i I)\, x\big) =$$

$$= \lim_\alpha\, (C_i - r_i I)\, G_\alpha(x) = 0 \;\blacksquare .$$

Satz 4.1.1. *Es seien die Bedingungen von Lemma* 4.1.1 *erfüllt. Dann gilt*

$$r_\sigma(C_i|K^*) \uparrow r_\sigma(A_0'|K^*) .$$

Ist außerdem $C_i F(x) = F(A_i\, x)$ *für* $x \in K$, $F \in K^*$, *so gilt*

$$r_\sigma(C_i|K^*) \in \sigma_p(C_i|K^*) \quad \textit{für} \quad r_\sigma(C_i|K^*) \neq 0 .$$

Beweis. Es sei

$$\sup_{i\geqq 1} r_\sigma(C_i|K^*) < z_0 < r_\sigma(A_0'|K^*) , \qquad z_0 \notin \sigma_p(A_0'|K^*) .$$

Nach Lemma 4.1.1 ist für $F \in K^*$ stets $\overline{\lim}\, \|R_{z_0}(C_i)\, F\| < \infty$, d. h., die Folge $(R_{z_0}(C_i)\, F)$ ist monoton wachsend und schwach konvergent

$$\sigma(B', B) - \lim_i R_{z_0}(C_i)\, F =: G_F, \qquad G_F \in K^* .$$

Dann gilt für $x \in K$

$$\begin{aligned}(z_0 I - A_0')\, G_F(x) &= \lim_i R_{z_0}(C_i)\, F\big((z_0 I - A_0')\, x\big) = \\ &= \lim_i \big((- A_0' + C_i) + (- C_i + z_0 I)\big)\, R_{z_0}(C_i)\, F(x) \\ &= F(x) - \lim_i (A_0' - C_i)\, R_{z_0}(C_i)\, F(x) \leqq F(x) . \end{aligned} \tag{4.1.9}$$

Hieraus folgt

$$G_F \leqq z_0^{-1} (A_0'\, G_F + F) . \tag{4.1.10}$$

Für $F = A_0'H,\;\; H \in K^*$ folgt damit aus (4.1.9), (4.1.10)

$$\begin{aligned} 0 &\leqq \lim_i (A_0' - C_i)\, R_{z_0}(C_i)\, F(x) \leqq \overline{\lim_i}\, R_{z_0}(C_i)\, F\big((A_0 - A_i)\, x\big) \\ &\leqq \overline{\lim_j}\, \overline{\lim_i}\, R_{z_0}(C_i)\, F\big((A_0 - A_j)\, x\big) = \overline{\lim_j}\, G_F\big((A_0 - A_j)\, x\big) \\ &\leqq z_0^{-1}\, \overline{\lim_j}\, \big((G_F + H)\, (A_0\, (A_0 - A_j)\, x\big) = 0 , \end{aligned}$$

$$(z_0 I - A_0')\, G_F = F \geqq o . \tag{4.1.11}$$

Nach einem Satz von M. G. Krein und M. A. Rutman [21] und (4.0.2) gibt es zu $r_\sigma(A_0) = r_\sigma(A_0'|K^*)$ einen positiven Eigenvektor $H_0 \in K^*$

$$A_0'\, H_0 = r_\sigma(A_0')\, H_0 , \qquad H_0 \neq o .$$

Nun folgt aus (4.1.11)

$$(z_0 I - A_0')\, \big(r_\sigma(A_0'|K^*)\, I - A_0'\big)\, G_F = o , \qquad F = A_0'\, H_0$$

und wegen $z_0 \notin \sigma_p(A_0'|K^*)$ sowie $(r_\sigma(A_0'|K^*)\, I - A_0')\, G_F \geqq (z_0 I - A_0')\, G_F = = F \geqq o$

$$(r_\sigma(A_0'|K^*)\, I - A_0')\, G_F = o .$$

Dies ist wegen $z_0 < r_\sigma(A_0'|K^*)$ ein Widerspruch zu (4.1.11). Damit ist Satz 4.1.1 bewiesen ∎.

Bemerkung 4.1.1. Die Bedingungen (a), (b), (c), (e) von Satz 4.1.1 kann man durch schwächere Bedingungen ersetzen:

(a′) $0 \leqq A_i \leqq A_{i+1} \leqq A_0,\;\; A_0^{n_0} \leqq C_0 \quad (n_0 > 0)$,

(b′) $0 \leqq C_i \leqq C_{i+1} \leqq A_0'$,

(c′) C_0 sei ein vollstetiger linearer Operator,

(e′) es gelte $\mathfrak{T}_s - \lim A_0^{n_1} A_i = A_0^{n_1+1}$,

(f′) es gelte $\big(\sup_{i\geqq 1} r_\sigma(C_i|K^*),\; r_\sigma(A_0'|K^*)\big) \subsetneqq \sigma_p(A_0'|K^*)$.

Beim Beweis hat man nur die Schlüsse bei (4.1.2), (4.1.4), (4.1.10), (4.1.11) abzuändern.

Das folgende Beispiel (siehe [20], S. 96) zeigt, daß Operatoren A_i, die den Bedingungen (a), (b) von Satz 4.1.1 genügen, nicht vollstetig sein müssen.

Beispiel 4.1.1. Es sei auf dem Raum $L^{\infty}_{[0,1]}$

$$T f: = \sum_{n=0}^{\infty} e_n \langle f, \sin n x\rangle$$

$$e_n(x): = \begin{cases} 1, & x \in \left[\frac{1}{n+1}, \frac{1}{n}\right] \\ 0, & \text{sonst} \end{cases}$$

Dann ist T nicht vollstetig, und es gilt

$$|T f| \leqq \sum_{n=0}^{\infty} e_n \langle |f|, 1\rangle = 1 \langle |f|, 1\rangle = : 1 \otimes 1 |f| .$$

Der Operator $1 \otimes 1$ ist eindimensional, d. h. vollstetig. Nun betrachten wir die Operatoren $T \vee 0$, $-(T \wedge 0)$. Dann ist wegen $T \vee 0 + (T \wedge 0) = T$ einer dieser Operatoren nicht vollstetig, und es gilt

$$0 \leqq T \vee 0 \leqq 1 \otimes 1 , \qquad 0 \leqq -(T \wedge 0) \leqq 1 \otimes 1 .$$

4.2. Ein Kriterium dafür, daß ein Operator nicht quasi-nilpotent ist

In diesem Abschnitt bezeichne B einen bedingt vollständigen BANACH-Verband. Nach (0.12) ist der Raum $K^* - K^*$ ein bedingt vollständiger Vektorverband. Wie bei (0.23) bezeichnen wir für $a_0 \in K$, $F_0 \in K^*$ mit $[a_0]$ bzw. $[F_0]$ die Projektion auf die Komponente $X_{a_0}(B)$ bzw. $X_{F_0}(K^* - K^*)$. Wir nehmen an, daß $[a_0] = I$ und $[F_0] = I$ gilt. Überdies sei F_0 ordnungsstetig, d. h., es gilt für ein gegen o ordnungskonvergentes gerichtetes System $\{h_\alpha\}_{\alpha \in A}$ $(h_\alpha \in B)$ immer $\lim\limits_{\alpha} F_0(|h_\alpha|) = 0$. Die Bezeichnung dieser beiden Elemente behalten wir in diesem Abschnitt bei. F_0 ist ein streng positives Funktional. Ist nämlich $F_0(|x_0|) = 0$, so ist wegen der Ordnungsstetigkeit von F_0 und (0.22) der Raum $X_1: = \{x: F_0(|x|) = 0\}$ eine Komponente; $B = X_1 + X_1^d$. Da die Räume X_1, X_1^d BANACH-Räume sind, gilt nach (0.23) für $G \in X_1' \cap K^*$

$$F_0 \wedge G = \text{o} \quad (\text{siehe } (0.12)), \text{ d. h. } \quad X_1 = \{\text{o}\} .$$

Ist T ein unzerlegbarer positiver linearer Operator auf B, so gilt für $x_1 = \text{o}$ sofort $[R_{r_\sigma + 1}(T)\, |x_1|] = I$. Anderenfalls existierte ein Element $\text{o} \leqq y$, $y \neq \text{o}$ mit $(R_{r_\sigma + 1}(T)\, |x_1|) \wedge y = \text{o}$. Dann wäre aber der Raum

$$B_1: = \overline{Y} , \qquad Y: = \{x: |x| \leqq M\, R_{r_\sigma + 1}(T)\, |x_1|\}$$

ein nichttrivialer normaler abgeschlossener und für T invarianter Teil-BANACH-Verband. $T B_1 \subseteqq B_1$ folgt wieder aus Lemma 2.1.2:

$$|T x| \leqq T|x| \leqq M\, T\, R_{r_\sigma + 1}(T)\, |x_1| \leqq (r_\sigma + 1)\, M\, R_{r_\sigma+1}(T)\, |x_1| .$$

Lemma 4.2.1. *Zu jeder offenen Menge $G \subseteqq Q(B)$ — siehe Satz 0.1 — gibt es höchstens abzählbar paarweise disjunkte, offene und abgeschlossene Mengen G_i mit:*

$$\text{(a)}\ \bigcup_{i=1}^{\infty} G_i \subseteqq G , \qquad \text{(b)}\ \overline{\bigcup_{i=1}^{\infty} G_i} = \overline{G} .$$

Die gleiche Aussage gilt im Raum $Q\,(K^* - K^*)$.

Beweis. Wir ordnen die Menge aller Systeme (G_α) paarweise disjunkter, offener und abgeschlossener Umgebungen $G_\alpha = U_{p_\alpha}$ durch

$$(G_\alpha) < (W_\beta) \Leftrightarrow \text{zu } G_\alpha \text{ existiert ein } W_\beta \text{ mit } G_\alpha = W_\beta, \bigcup_\alpha G_\alpha \subseteqq \bigcup_\beta W_\beta .$$

Nach dem Lemma von ZORN existiert ein maximales System (U_{p_α}). Es ist $\overline{\bigcup_\alpha U_{p_\alpha}} = \overline{G}$. Nun ist wegen

$$U_{p_\alpha} \cap U_{p_\beta} = \emptyset \; (\alpha \neq \beta) \quad \text{sofort} \quad [p_\alpha]\,[p_\beta] = o .$$

Hieraus folgt $\sum_{\alpha = \alpha_1, \ldots, \alpha_n} [p_\alpha] \leqq I$ (siehe H. NAKANO [31], S. 91, Satz 1.4 oder Satz 0.2′), d. h.

$$\sum_{\alpha = \alpha_1, \ldots, \alpha_n} F_0([p_\alpha]\, a_0) \leqq F_0(a_0) , \qquad 0 \neq F_0([p_\alpha]\, a_0) .$$

Damit ist (U_{p_α}) ein abzählbares System ∎.

Nun betrachten wir folgende Semi-Ringe (siehe A. C. ZAANEN [57]):

$$\Gamma_1 := \left\{ \bigcup_{i=1}^{n} U_{p_i} \quad \text{mit} \quad U_{p_i} \cap U_{p_j} = \emptyset \quad \text{für} \quad i \neq j, \, p_i \in B \right\} \tag{4.2.1}$$

$$\Gamma_2 := \left\{ \bigcup_{i=1}^{n} U_{q_i} \quad \text{mit} \quad U_{q_i} \cap U_{q_j} = \emptyset \quad \text{für} \quad i \neq j, \, q_i \in K^* - K^* \right\} \tag{4.2.2}$$

$$\Gamma_3 := \left\{ \bigcup_{i=1}^{n} (U_{p_i} \times U_{q_i}) \quad \text{mit} \quad (U_{p_i} \times U_{q_i}) \cap (U_{p_j} \times U_{q_j}) = \emptyset \quad \text{für} \quad i \neq j, \right.$$
$$\left. p_i \in B, \, q_i \in K^* - K^* \right\} . \tag{4.2.3}$$

Wir definieren wie bei H. NAKANO [31] Maße auf Γ_i $(i = 1, 2, 3)$:

$$\nu_{x,F}(A) := \sum_{i=1}^{n} F([p_i]\, x) , \qquad A = \bigcup_{i=1}^{n} U_{p_i} \in \Gamma_1 \tag{4.2.4}$$

$$\nu_{F,x}(C) := \sum_{i=1}^{n} [q_i]\, F(x) , \qquad C = \bigcup_{i=1}^{n} U_{q_i} \in \Gamma_2 \tag{4.2.5}$$

$$\nu_{x,F,T}(M) := \sum_{i=1}^{n} \langle [q_i]\, F, T[p_i]\, x \rangle \quad \text{für} \quad M = \bigcup_{i=1}^{n} U_{p_i} \times U_{q_i} \in \Gamma_3 \tag{4.2.6}$$

$(x \in K,\ F \in K^*,\ T \in [B],\ 0 \leqq T)$. Diese Maße erweitern wir auf σ-Ringe Λ_i, $\Lambda_i \supseteqq \Gamma_i$ $(i = 1, 2, 3)$ und behalten die Bezeichnung der Maße bei (siehe A. C. ZAANEN [57], S. 26). Für $x = a_0$, $F = F_0$ setzen wir

$$\nu_1 := \nu_{a_0, F_0} , \qquad \nu_2 := \nu_{F_0, a_0} , \qquad \nu_3 := \nu_{a_0, F_0, T} . \tag{4.2.7}$$

Lemma 4.2.2. *Es gilt*

$$\text{(a)} \quad \nu_1(A) = \nu_1(\overline{A}) = \nu_1(A^0)$$

$$\text{(b)} \quad \nu_2(C) = \nu_2(\overline{C}) = \nu_2(C^0)$$

(A^0, C^0 bezeichnen den inneren Kern von A, C).

Beweis. Wir zeigen nur die Aussage (a). Derselbe Beweis gilt nach Änderung der Bezeichnung für (b). Es sei G eine offene Menge und (U_{p_i}) genüge der Aussage von Lemma 4.2.1. Dann gilt

$$\overline{G} = U_{[p_0] a_0} , \quad [p_0] = \bigvee_{N=1}^{\infty} \left(\bigvee_{i=1}^{N} [p_i] \right) . \tag{4.2.8}$$

Zunächst ist, da Q extremal unzusammenhängend ist, $\overline{G}$ eine offene und abgeschlossene Menge und es gilt $U_{[p_0]a_0} \supseteqq \overline{G}$. Es sei nun $\overline{G} \neq U_{[p_0]a_0}$. Dann gibt es eine Projektion $[p]$ mit $U_p \subseteqq U_{[p_0]a_0}$, $U_p \cap \overline{G} = \emptyset$. Dann folgt aber wegen $U_p \cap U_{p_i} = \emptyset$, d. h. $[p_i] \leqq (I - [p])\,[p_i]$ (siehe H. NAKANO [31], S. 91, Satz 1.4), sofort

$$[p_0] = \bigvee_{N=1}^{\infty} \left(\bigvee_{i=1}^{N} [p_i] \right) \leqq (I - [p])\,[p_0] = [p_0] - [p] \,.$$

Dies bedeutet $[p] = o$ und wir erhalten (4.2.8). Da F_0 ordnungsstetig ist, ergibt sich

$$F_0([p_0]\,a_0) = \lim_{N \to \infty} \sum_{i=1}^{N} F_0([p_i]\,a_0)\,, \qquad \nu_1(\overline{G}) = \nu_1(G)\,.$$

Für eine meßbare Menge A folgt

$$\nu_1(A) = \inf_{G \supseteqq A,\, G \in \Gamma_1} \nu_1(G) = \nu_1(\overline{A})\,.$$

Wegen $Q(B) \backslash A^0 \subseteqq \overline{Q(B) \backslash A}$ erhalten wir

$$\begin{aligned} \nu_1(A) = \nu_1(\overline{A}) &= \nu_1\big(Q(B)\big) - \nu_1\big(\overline{Q(B) \backslash A}\big) \leqq \nu_1\big(Q(B)\big) - \nu_1\big(Q(B) \backslash A^0\big) \\ &= \nu_1(A^0) \leqq \nu_1(\overline{A})\,, \quad \text{d. h.} \quad \nu_1(A) = \nu_1(\overline{A}) = \nu_1(A^0) \ \blacksquare\,. \end{aligned}$$

Nach Abschnitt 2.1 bilden die majorisierbaren linearen Operatoren auf einem bedingt vollständigen Vektorverband einen bedingt vollständigen Vektorverband.

Es bezeichne für $x \in B$, $F \in B'$

$$x \otimes F(y) := x\,F(y)\,, \qquad x \otimes F \in [B]\,. \tag{4.2.9}$$

Definition 4.2.1 (siehe H. NAKANO [31], S. 482). Ein positiver linearer Operator auf B heißt *total-stetig*, wenn gilt:

$$\sup_{x \in B,\, F \in K^* - K^*} T \wedge x \otimes F = T\,. \tag{4.2.10}$$

Bemerkung 4.2.1. Jeder positive lineare Operator auf $l^p_{1 \leqq p < \infty}$ ist total-stetig.

Beweis. Dies folgt aus der Matrixdarstellung des Operators bezüglich der Basis $(1, 0, 0, \ldots)$, $(0, 1, 0, 0, \ldots)$, $\ldots$ $\blacksquare$.

Bemerkung 4.2.2. Ein positiver linearer Operator T auf $L^p_{1 \leqq p < \infty}(Q, \mu)$ ist genau dann total-stetig, wenn er durch einen nichtnegativen Kern $K(s, t)$ darstellbar ist:

$$T f(s) = \int_Q K(s, t)\, f(t)\, d\mu(t)\,, \qquad f \in L^p(Q, \mu)\,.$$

Für den Beweis benötigen wir Lemma 4.2.3, so daß wir ihn im Anschluß an dieses Lemma bringen.

Auf Grund von Theorem 1.9 bei H. NAKANO [31], S. 470 gilt für $x \in K$, $F \in K^*$ wegen $[x] \leqq [a_0]$, $[F] \leqq [F_0]$

$$\bigvee_{k=1}^{\infty} k\,(a_0 \otimes F_0) \wedge x \otimes F = x \otimes F\,.$$

Stellen wir den Raum der majorisierbaren linearen Operatoren als ein Fundament eines Raumes $C_\infty(Q)$ dar, so folgt für $T_K := T \wedge k\,(a_0 \otimes F_0)$

$$\bigvee_k T_k = T\,. \tag{4.2.11}$$

Lemma 4.2.3. *Es existiert zu einem positiven linearen total-stetigen Operator T eine nichtnegative Funktion $Z(\mathfrak{p}, \mathfrak{q})$ mit*

$$F(T\,x) = \int\limits_{Q(B) \times Q(K^* - K^*)} Z(\mathfrak{p}, \mathfrak{q})\, d\nu_{F, a_0}(\mathfrak{p})\, d\nu_{x, F_0}(\mathfrak{p})\,, \tag{4.2.12}$$

$(x \in B,\ F \in K^* - K^*)$. $Z(\mathfrak{p}, \mathfrak{q})$ kann in folgender Form angenommen werden:

$$Z(\mathfrak{p}, \mathfrak{q}) = \sup_{k = 1, 2, \ldots} Z_k(\mathfrak{p}, \mathfrak{q})\,, \qquad Z_k \leqq Z_{k+1} \tag{4.2.13}$$

und

$$Z_k(\mathfrak{p}, \mathfrak{q}) = \inf_{i = 1, 2, \ldots} F_{k,i}(\mathfrak{p}, \mathfrak{q})\,, \qquad F_{k,i} \geqq F_{k,i+1} \geqq 0 \tag{4.2.14}$$

$$F_{k,i}(\mathfrak{p}, \mathfrak{q}) = \sum_{l=1}^{N_{k,i}} \alpha_{k,i,l}\, \chi(U_{p_{i,k,l}})\,, \qquad (k, i = 1, 2, \ldots)\,. \tag{4.2.15}$$

($\chi(U_p)$ bezeichnet die charakteristische Funktion der Menge U_p.)

Beweis. Wegen $T_k \leqq k\,(a_0 \otimes F_0)$ ist das Maß ν_{a_0, F_0, T_k} absolutstetig bezüglich des Maßes $\nu_{a_0, F_0, a_0 \otimes F_0}$, d. h., es existiert nach dem Satz von Radon-Nikodym (siehe A. C. Zaanen [57], S. 134) eine $\nu_{a_0, F_0, a_0 \otimes F_0}$-integrierbare nichtnegative Funktion $Z_k(\mathfrak{p}, \mathfrak{q}) \leqq k$ mit

$$\langle T_k[p]\, a_0, [q]\, F_0 \rangle = \int\limits_{U_p \times U_q} Z_k(\mathfrak{p}, \mathfrak{q})\, d\nu_1(\mathfrak{p})\, d\nu_2(\mathfrak{q})\,,$$

$$\nu_1 = \nu_{a_0, F_0}\,, \qquad \nu_2 = \nu_{F_0, a_0}\,.$$

Nun stellen wir nach Satz 0.2′ den Raum B als ein Fundament eines Raumes $C_\infty(Q)$ mit $\hat{a}_0 = 1$ dar. Damit ist also die kleinste Menge, die

$$A := \left\{\sum_i \alpha_i[p_i]\, a_0,\ p_i \in B\right\}$$

enthält und gegenüber Supremumsbildung abgeschlossen ist, ganz B. Eine analoge Aussage gilt für die Menge

$$C := \left\{\sum_i \beta_i[F_i]\, F_0,\ F_i \in K^* - K^*\right\}.$$

Es folgt für $x_n \in A$, $F_n \in C$

$$\langle T_k[p]\, x_n, [q]\, F_n \rangle = \int\limits_{U_p \times U_q} Z_k(\mathfrak{p}, \mathfrak{q})\, d\nu_{x_n, F_0}(\mathfrak{p})\, d\nu_{F_n, a_0}(\mathfrak{q})\,.$$

Offensichtlich brauchen wir nach (0.33) die Aussage (4.2.11) nur für $x \in K$, $F \in K^*$ zu beweisen. Es sei also $x = \bigvee_n x_n$, $x_n := x \wedge n\, a_0 \in A$ und $F = \bigvee_n F_n$, $F_n := F \wedge n\, F_0 \in C$.

Zunächst gilt wegen der Ordnungsstetigkeit von a_0, F_0

$$\begin{aligned} 0 &\leqq \bigwedge_{n,m} (\langle T_k[p]\, x, [q]\, F \rangle - \langle T_k[p]\, x_n, [q]\, F_m \rangle) \\ &\leqq \bigwedge_{n,m} (\langle T_k[p]\,(x - x_n), [q]\, F \rangle + \langle T_k[p]\, x, [q]\,(F - F_m) \rangle) \\ &\leqq \bigwedge_{n,m} k(\langle a_0 \otimes F_0[p]\,(x - x_n), [q]\, F \rangle + \langle a_0 \otimes F_0[p]\, x, [q]\,(F - F_m) \rangle) \\ &= k \bigwedge_{n,m} (\langle F_0, [p]\,(x - x_n) \rangle \langle a_0, [q]\, F \rangle + \langle a_0, [q]\,(F - F_m) \rangle \langle F_0, [p]\, x \rangle) = 0\,. \end{aligned}$$

Hieraus erhalten wir wegen der Konvergenz der Maße ν_{x_n, F_0} (bzw. ν_{F_n, a_0}) gegen ν_{x, F_0} (bzw. ν_{F, a_0})

$$\langle T[p]\, x, [q]\, F\rangle = \bigvee_k \langle T_k[p]\, x, [q]\, F\rangle = \bigvee_{k,n,m} \langle T_k[p]\, x_n, [q]\, F_m\rangle$$

$$= \bigvee_{k,n,m,} \int_{U_p \times U_q} Z_k(\mathfrak{p}, \mathfrak{q})\, d\nu_{x_n, F_0}(\mathfrak{p})\, d\nu_{F_n, a_0}(\mathfrak{q})$$

$$= \bigvee_k \int_{U_p \times U_q} Z_k(\mathfrak{p}, \mathfrak{q})\, d\nu_{x, F_0}(\mathfrak{p})\, d\nu_{F, a_0}(\mathfrak{q})$$

$$= \int_{U_p \times U_q} Z(\mathfrak{p}, \mathfrak{q})\, d\nu_{x, F_0}(\mathfrak{p})\, d\nu_{F, a_0}(\mathfrak{q})\,, \qquad Z(\mathfrak{p}, \mathfrak{q}) = \sup_k Z_k(\mathfrak{p}, \mathfrak{q})\,.$$

(Für den letzten Schluß siehe A. C. ZAANEN [57], S. 60). Die Aussage (4.2.14), (4.2.15) folgt aus der Definition des Integrals (siehe [57], S. 135, Beweis (a) von Theorem 1) ∎.

Beweis der Bemerkung 4.2.2.

1. Ist T durch einen nichtnegativen Kern $K(s, t)$ darstellbar, so gilt für $0 \leqq f(t)$

$$(T \wedge n\,(1 \otimes 1))\, f(s) \geqq \int (K(s, t) \wedge n)\, f(t)\, d\mu(t)\,.$$

Hieraus folgt (siehe A. C. ZAANEN [30], S. 60)

$$T f \geqq \left(\sup_{n = 1, 2, \ldots} (T \wedge n\,(1 \otimes 1))\, f\right) \geqq \int K(s, t)\, f(t)\, d\mu(t) = T f\,.$$

2. Es sei T total-stetig und $T \wedge k\,(1 \otimes 1) =: T_k$. Dann gilt nach Lemma 4.2.3 $(a_0(t) = 1,\ F_0(t) = 1)$

$$F(T_k\, x) = \int Z_k(\mathfrak{p}, \mathfrak{q})\, d\nu_{F, a_0}(\mathfrak{q})\, d\nu_{x, F_0}(\mathfrak{p})\,.$$

Es sei $\Psi(s, t) := \sum_{i=1}^{n} \varphi_i(s)\, \psi_i(t)\,;\ \varphi_i, \psi_i \in C(Q)$.

Dann definieren wir ein lineares Funktional F_k

$$F_k(\Psi) := \sum_{i=1}^{n} \langle \varphi_i, T_k\, \psi_i\rangle\,.$$

Es gilt nach Lemma 4.2.3 für $0 \leqq Z_k(\mathfrak{p}, \mathfrak{q}) \leqq k$

$$F_k(\Psi) = \int Z_k(\mathfrak{p}, \mathfrak{q})\, d\nu_\Psi$$

$$\nu_\Psi\,(U_p \times U_q) := \sum_{i=1}^{n} \nu_{a_0, \varphi_i}(U_q)\, \nu_{\psi_i, F_0}(U_p) =$$

$$= \sum_{i=1}^{n} \int_{\operatorname{supp} q} \varphi_i(s)\, d\mu(s) \int_{\operatorname{supp} p} \psi_i(t)\, d\mu(t) = \int_{\operatorname{supp} p \times \operatorname{supp} q} \Psi(s, t)\, d\mu(s)\, d\mu(t)^{1)}\,.$$

Damit erhalten wir

$$|F_k(\Psi)| \leqq k \int |d\nu_\Psi| \leqq k \int d\nu_{|\Psi|} = k \int |\Psi(s, t)|\, d\mu(s)\, d\mu(t) \leqq k(\mu(Q))^2\, \|\Psi\|_C\,.$$

Wir können also F_k zu einem positiven linearen Funktional auf $C\,(Q \times Q)$ erweitern $(\Psi \in C\,(Q \times Q))$:

$$F_k(\Psi) = \int Z_k(\mathfrak{p}, \mathfrak{q})\, d\nu_\Psi\,, \quad \nu_\Psi\,(U_p \times U_q) := \int_{\operatorname{supp} p \times \operatorname{supp} q} \Psi(s, t)\, d\mu(s)\, d\mu(t)\,.$$

---

[1]) supp p bezeichnet den Träger der Funktion $p(t)$.

Nun gibt es ein Maß ν_k mit

$$F_k(\Psi) = \int \Psi(s, t)\, d\nu_k\,, \qquad \nu_k \leqq k\,\mu \otimes \mu\,^{1)}\,.$$

Nach dem Satz von RADON-NIKODYM (siehe A. C. ZAANEN [57], S. 134) existiert eine nichtnegative $\mu \otimes \mu$-meßbare Funktion $\Phi_k(s, t)$ mit

$$\langle \varphi, T_k \psi \rangle = F_k(\varphi(s)\, \psi(t)) = \int \Phi_k(s, t)\, \varphi(s)\, \psi(t)\, d\mu(s)\, d\mu(t)\,.$$

Die Folge $(\Phi_k(s, t))$ ist monoton wachsend, und es gilt für $\Phi(s, t) := \sup_k \Phi_k(s, t)$ (siehe A. C. ZAANEN [57], S. 60)

$$\langle \varphi, T \psi \rangle = \int \Phi(s, t)\, \varphi(s)\, \psi(t)\, d\mu(s)\, d\mu(t)\,.$$

Diese Darstellung gilt dann für beliebige Funktionen $\varphi \in (L^p)'$, $\psi \in L^p$ ∎.

Lemma 4.2.4. *Es sei für einen total-stetigen Operator T nach Lemma 4.2.3*

$$F_0(T\, a_0) = \int Z(\mathfrak{p}, \mathfrak{q})\, d\nu_1\, d\nu_2\,. \tag{4.2.16}$$

Dann gilt

$$F_0(T^2\, a_0) = \int \bar{Z}(\mathfrak{p}, \mathfrak{q})\, d\nu_1\, d\nu_2\,, \tag{4.2.17}$$

mit

$$\bar{Z}(\mathfrak{p}, \mathfrak{q}) = \int Z(\mathfrak{p}, \tilde{\mathfrak{q}})\, Z(\tilde{\mathfrak{p}}, \mathfrak{q})\, d\nu_3\,. \tag{4.2.18}$$

Beweis. Es gilt nach Lemma 4.2.3

$$F_0(T^2\, a_0) = \int Z(\mathfrak{a}, \mathfrak{q})\, d\nu_2(\mathfrak{q})\, d\nu_{Ta_0, F_0}(\mathfrak{a})$$

$$\nu_{Ta_0, F_0}(U_a) = \int Z(\mathfrak{p}, \mathfrak{b})\, d\nu_1(\mathfrak{p})\, d\nu_{[a]' F_0, a_0}(\mathfrak{b}) = \int Z(\mathfrak{p}, \mathfrak{b})\, d\nu_1(\mathfrak{p})\, d\nu_{F_0, [a]\, a_0}(\mathfrak{b})\,.$$

Die Aussage von Lemma 4.2.4 folgt nun durch zwei Grenzübergänge (siehe [57], S. 60) aus (4.2.13), (4.2.14), (4.2.15) und dem Satz von FUBINI:

$$F_0(T^2\, a_0) = \sup_k \inf_i \sup_l \inf_j \int F_{k,i}(\mathfrak{a}, \mathfrak{q})\, d\nu_2(\mathfrak{q})\, d\nu_{Ta_0, F_0, l, j}(\mathfrak{a})$$

$$\nu_{Ta_0, F_0, l, j}(U_a) = \int F_{l,j}(\mathfrak{p}, \mathfrak{b})\, d\nu_1(\mathfrak{p})\, d\nu_{F_0, [a]\, a_0}(\mathfrak{b})\,,$$

d. h.

$$F_0(T^2\, a_0) = \sup_k \inf_i \sup_l \inf_j \int F_{k,i}(\mathfrak{a}, \mathfrak{q})\, F_{l,j}(\mathfrak{p}, \mathfrak{b})\, d\nu_1\, d\nu_2\, d\nu_3$$
$$= \int Z(\mathfrak{a}, \mathfrak{q})\, Z(\mathfrak{p}, \mathfrak{b})\, d\nu_1\, d\nu_2\, d\nu_3 = \int \bar{Z}(\mathfrak{p}, \mathfrak{q})\, d\nu_1\, d\nu_2 \;∎\,.$$

Lemma 4.2.5. *Es seien T_1, T_2 positive lineare Operatoren auf B und T_1 totalstetig (nicht notwendig stetig). Ist $T_2 \in [B]$, so sind die Operatoren $T_1 T_2$, $T_2 T_1$ totalstetig.*

Beweis. Wir zeigen zunächst, daß wegen $[F_0] = I$ jedes Funktional $F \in K^*$ ordnungsstetig ist. Es gilt nach (0.22) stets $F = \bigvee_\alpha F_\alpha$ und $\{F_\alpha\}$ ist ein wachsend gerichtetes System ordnungsstetiger Funktionale. Sei $\{x_\beta\}$ ein gegen o ordnungskonvergentes abnehmendes System. Dann folgt

$$0 \leqq F(x_\beta) \leqq (F - F_\alpha)\, (x_{\beta_0}) + F_{\alpha_0}(x_\alpha)\,, \quad \alpha \geqq \alpha_0, \quad \beta \geqq \beta_0\,.$$

Hieraus folgt

$$0 \leqq \bigwedge_\beta F(x_\beta) \leqq \bigwedge_{\alpha, \beta} ((F - F_\alpha)\, (x_{\beta_0}) + F_{\alpha_0}(x_\beta)) = 0\,.$$

Damit ist F ordnungsstetig.

---

[1]) $\mu \otimes \mu$ bezeichne das Produktmaß (siehe A. C. ZAANEN [57], S. 97).

Es gilt

$$T_2 T_1 \wedge T_2 (x \otimes F) \geqq T_2 (T_1 \wedge x \otimes F) ,$$
$$T_1 T_2 \wedge x \otimes T_2' F = T_1 T_2 \wedge (x \otimes F) T_2 \geqq (T_1 \wedge x \otimes F) T_2 .$$

Damit folgt für $x_0 \in K$, $G_0 \in K^*$

$$\langle G_0, T_2 T_1 x_0 \rangle \geqq \langle G_0, \bigvee_{x \in K, F \in K^*} (T_2 T_1 \wedge x \otimes F) x_0 \rangle$$
$$\geqq \langle G_0, \bigvee_{x \in K, F \in K^*} (T_2 T_1 \wedge T_2 (x \otimes F)) x_0 \rangle$$
$$\geqq \bigvee_{x \in K, F \in K^*} \langle T_2' G_0, (T_1 \wedge x \otimes F) x_0 \rangle = \langle T_2' G_0, T_1 x_0 \rangle = \langle G_0, T_2 T_1 x_0 \rangle .$$

Letzterer Schluß ist richtig, da $T_2 G_0$ ordnungsstetig ist.
Analog erhalten wir

$$\langle G_0, T_1 T_2 x_0 \rangle \geqq \langle G_0, \bigvee_{x \in K, F \in K^*} (T_1 T_2 \wedge x \otimes F) x_0 \rangle$$
$$\geqq \langle G_0, \bigvee_{x \in K, F \in K^*} (T_1 T_2 \wedge x \otimes T_2' F) x_0 \rangle$$
$$\geqq \bigvee_{x \in K, F \in K^*} \langle G_0, (T_1 \wedge x \otimes F) T_2 x_0 \rangle = \langle G_0, T_1 T_2 x_0 \rangle \blacksquare .$$

Satz 4.2.1. *Es sei B ein bedingt vollständiger AB-Verband und T ein totalstetiger unzerlegbarer positiver linearer Operator auf B. Existiert in K^* ein ordnungsstetiges Funktional F_0 mit $[F_0] = I$, so ist T nicht quasi-nilpotent, d. h. $0 < r_\sigma(T)$.*

Beweis. Der Beweis beruht auf der Idee von T. Ando [1]. Wir betrachten den Operator $A := T R_{r_\sigma + 1}(T)$. Dann gilt $r_\sigma(A) = r_\sigma(T)$ und es ist für $o \neq x_0 \in K$ immer $A x_0$ streng positiv, da anderenfalls der Raum $\{x: F_1(A|x|) = 0, o \neq F_1 \in K^*, F_1(A|x_0|) = 0\}$ ein nichttrivialer normaler abgeschlossener und für T invarianter Teil-Banach-Verband ist (siehe den Beweis von Lemma 3.1.1). Es sei nach Lemma 4.2.3, Lemma 4.2.5

$$F(A x) = \int Z(\mathfrak{p}, \mathfrak{q}) \, d\nu_{F, a_0}(\mathfrak{q}) \, d\nu_{x, F_0}(\mathfrak{p}) . \tag{4.2.19}$$

Wir benötigen, daß die Funktion $\bar{Z}(\mathfrak{p}, \mathfrak{q})$ (siehe (4.2.17)) bis auf eine $\nu_{|x|, F_0} \otimes \nu_2$-Nullmenge[1]) positiv ist. Wir zeigen, daß $\bar{Z}(\mathfrak{p}, \mathfrak{q})$ bis auf eine $\nu_1 \otimes \nu_2$-Nullmenge positiv ist (der Beweis für $\nu_{|x|, F_0} \otimes \nu_2$ ist der gleiche).

Es sei $\nu_1 \otimes \nu_2(\mathfrak{a}) \neq 0$ und $\bar{Z}(\mathfrak{p}, \mathfrak{q}) = 0$ für $(\mathfrak{p}, \mathfrak{q}) \in \mathfrak{a}$. Es ist die Funktion $f(\mathfrak{q}) := \nu_1 \{\mathfrak{p}: (\mathfrak{p}, \mathfrak{q}) \in \mathfrak{a}\}$ ν_2-integrierbar, und es gilt

$$\int f(\mathfrak{q}) \, d\nu_2 = (\nu_1 \otimes \nu_2)(\mathfrak{a}) \neq 0 \quad \text{(siehe [57], S. 95)}.$$

Es ist $\{\mathfrak{q}: f(\mathfrak{q}) = 0\}$ eine ν_2-meßbare und damit eine nach Lemma 4.2.2 nicht überall dichte Menge. Es gibt also eine Umgebung $U_{\mathfrak{q}_0}$, so daß gilt

$$\left.\begin{array}{l} 1.\ \nu_2(U_{\mathfrak{q}_0}) > 0 , \\ 2.\ B_{\mathfrak{q}} := \{\mathfrak{p}: \bar{Z}(\mathfrak{p}, \mathfrak{q}) = 0\},\ \nu_1(B_{\mathfrak{q}}) > 0,\ (\mathfrak{q} \in U_{\mathfrak{q}_0}) , \\ 3.\ \nu_1 \otimes \nu_2\Big(\bigcup_{\mathfrak{q} \in U_{\mathfrak{q}_0}} B_{\mathfrak{q}}\Big) > 0 . \end{array}\right\} \tag{4.2.20}$$

[1]) $\nu_{|x|, F_0} \otimes \nu_2$ bezeichnet das Produktmaß der Maße $\nu_{|x|, F_0}$, ν_2 (siehe A. C. Zaanen [57], S. 97).

1. Ist $\mathfrak{q}_0 \in U_{q_0}$ beliebig und $Z(\mathfrak{p}, \mathfrak{q}_0) \neq 0$ auf einer Menge von positivem Maß, so können wir nach Lemma 4.2.2 $Z(\mathfrak{p}, \mathfrak{q})$ auf einer $\nu_1 \otimes \nu_2$-Nullmenge so abändern, daß gilt

$$Z(\mathfrak{p}, \mathfrak{q}_0) \neq 0 \quad \text{für} \quad \mathfrak{p} \in U_{p_0}, \quad \nu_1(U_{p_0}) > 0 .$$

Aus $\overline{Z}(\mathfrak{p}, \mathfrak{q}_0) = \int Z(\mathfrak{a}, \mathfrak{q}_0)\, Z(\mathfrak{p}, \mathfrak{b})\, d\nu_3$ folgt für $\mathfrak{p} \in U_{\widetilde{p}_0} \subseteqq B_{\mathfrak{q}_0}$ (die Menge $B_{\mathfrak{q}_0}$ können wir nach Lemma 4.2.2 als offen und abgeschlossen annehmen)

$$0 = \int_{U_{p_0} \times Q(K^* - K^*)} Z(\mathfrak{p}, \mathfrak{b})\, d\nu_3 = \int_{Q(K^* - K^*)} Z(\mathfrak{p}, \mathfrak{b})\, d\nu_{[p_0]' F_0, a_0}(\mathfrak{b}) .$$

Hieraus ergibt sich

$$0 = \int_{U_{\widetilde{p}_0} \times Q(K^* - K^*)} Z(\mathfrak{p}, \mathfrak{b})\, d\nu_{[p_0]' F_0, a_0}(\mathfrak{b})\, d\nu_1(\mathfrak{p}) = \langle A[\widetilde{p}_0]\, a_0, [p_0]'\, F_0\rangle .$$

Da $A[\widetilde{p}_0]\, a_0$ streng positiv war, erhalten wir $[p_0]'\, F_0 = o$. Dies widerspricht $\langle [p_0]'\, F_0, a_0\rangle = \nu_1(U_{p_0}) \neq 0$.

2. Ist also $Z(\mathfrak{p}, \mathfrak{b}) = 0$ für $\mathfrak{p} \in Q(B)$, $\mathfrak{q} \in U_{q_0}$, so folgt nach (4.2.18) sofort $\langle [q_0]\, F_0, A\, a_0\rangle = 0$ und, da $A\, a_0$ streng positiv ist, $[q_0]\, F_0 = o$. Wegen

$$\langle [q_0]\, F_0, a_0\rangle = \nu_2(U_{q_0}) > 0$$

erhalten wir auch hier einen Widerspruch.

Nun setzen wir

$$A_n := n\, A^2 \wedge a_0 \otimes F_0 , \qquad A_0 := a_0 \otimes F_0 , \qquad n = 1, 2, \ldots ,$$
$$C_n := n\, A'^2 \wedge F_0 \otimes a_0 .$$

Es ist für $x \in K$, $F \in K^*$ nach (2.1.9)

$$\begin{aligned} C_n\, F(x) &= \Big\langle \bigwedge_{0 \leqq \tilde{F} \leqq F} (n\, A'^2\, \tilde{F} + A_0' (F - \tilde{F}), x\Big\rangle \\ &= \bigvee_{0 \leqq \tilde{F} \leqq F}\ \sum_{0 \leqq \tilde{x},\, \Sigma \tilde{x} = x} \langle n\, A'^2\, \tilde{F} + A_0' (F - \tilde{F}), \tilde{x}\rangle \\ &\geqq \sum_{0 \leqq \tilde{x},\, \Sigma \tilde{x} = x} (\langle \tilde{F}, A_n\, \tilde{x}\rangle + \langle (F - \tilde{F}), A_n\, \tilde{x}\rangle) = F(A_n\, x) . \end{aligned}$$

Es gilt nun (siehe A. C. Zaanen [57], S. 60)

$$\sup_n \langle F_0, (n\, A^2 \wedge A_0)\, x\rangle \geqq \sup_n \int (n\, \overline{Z} \wedge 1)\, d\nu_{|x|, F_0}\, d\nu_2 = \langle F_0, A_0 |x|\rangle ,$$

d. h.

$$\mathfrak{T}_s - \lim A_0\, (A_0 - A_n) = 0 . \tag{4.2.21}$$

Damit können wir Satz 4.1.1 anwenden und erhalten für eine geeignete Zahl $n_0 > 0$

$$0 < r_\sigma\, ((n_0\, A'^2 \wedge A_0') | K^*) =: a$$

und nach (4.0.1)

$$0 < a\, n_0^{-1} \leqq n_0^{-1}\, r_\sigma(n_0\, A'^2 | K^*) \leqq r_\sigma(A^2) = r_\sigma(A)^2 \ ∎ .$$

Folgerung 4.2.1. Es sei unter den Bedingungen von Satz 4.2.1 nur

$$T \wedge a_0 \otimes F_0 \neq 0.$$

Dann folgt ebenfalls $o < r_\sigma(T)$.

Stört man also einen beliebigen positiven linearen unzerlegbaren Operator durch einen positiven linearen total-stetigen Operator $V \neq 0$, so folgt stets $r_\sigma(T + V) > 0$.

Beweis. Es gilt für $A := T\,R_{r_\sigma+1}(T)$ stets $r_\sigma(T) = r_\sigma(A)$. Wir zerlegen A in den total-stetigen und den total-unstetigen Teil

$$A = A_{\text{st}} + A_{\text{unst}}\,, \qquad A_{\text{st}} := \bigvee_{a \in K,\, F \in K^*} (A \wedge a \otimes F)\,.$$

Es gilt $0 \leqq T\,A_{\text{st}} \leqq T\,A \leqq (r_\sigma + 1)\,A$, d. h., es ist nach Lemma 4.2.5 sofort $T\,A_{\text{st}} \leqq (r_\sigma + 1)\,A_{\text{st}}$. Analog zeigt man $A_{\text{st}}\,T \leqq (r_\sigma + 1)\,A_{\text{st}}$.

Wir zeigen, daß für $o \neq x_0 \in K$ das Element $A_{\text{st}}\,x_0$ streng positiv ist. Ist nämlich $F_0(A_{\text{st}}\,x_0) = 0$ für $o \neq F_0 \in K^*$, so folgt für das Funktional $G_0(x) := F_0(A_{\text{st}}\,x)$ sofort $0 \leqq G_0(T^n\,x_0) \leqq (r_\sigma + 1)^n\,G_0(x_0) = 0$, $n = 0, 1, \ldots$ Nach einer Aussage nach (0.10) ist das überall definierte positive lineare Funktional G_0 stetig, d. h., $B_1 := \{x\colon G_0(T^n|x|) = 0,\ n = 0, 1, \ldots\}$ ist ein abgeschlossener normaler und für T invarianter Teil-Banach-Verband und folglich $B_1 = B$, $G_0 = o$. Ist nun $A_{\text{st}}\,y_0 \neq o$, so folgt $F_0(T^n\,A_{\text{st}}\,y_0) \leqq (r_\sigma + 1)^n\,F_0(A_{\text{st}}\,y_0) = (r_\sigma + 1)^n\,G_0(y_0) = 0$. Damit wäre $B_2 := \{x\colon F_0(T^n|x|) = 0,\ n = 0, 1, 2, \ldots\}$ ein normaler abgeschlossener und für T invarianter Teil-Banach-Verband. Damit folgt endlich $B_2 = B$ und $o = F_0$. Dies ist ein Widerspruch.

Durch den gleichen Beweis wie bei Satz 4.2.1 zeigt man

$$\bigvee_{n=0}^{\infty} (n\,A_{\text{st}}^2 \wedge a_0 \otimes F_0) = a_0 \otimes F_0$$

(man benötigte nur, daß $A_{\text{st}}|x|$ für $o \neq x$ streng positiv ist). Damit ist auch

$$\bigvee_{n=0}^{\infty} (n\,A^2 \wedge a_0 \otimes F_0) = a_0 \otimes F_0\,.$$

Nun folgt wie beim Beweis von Satz 4.2.1 $0 < r_\sigma(T)$ ▮.

Bemerkung 4.2.3. Es gibt positive lineare unzerlegbare Operatoren T mit $T \wedge a_0 \otimes F_0 = 0$. Ein Beispiel hierfür ist der Operator T_0 auf $L^2\,(-\infty, +\infty)$

$$T_0 := U_1 + U_{-1} + \sum_{n=1}^{\infty} n^{-2}\,U_{a_n}\,, \qquad (U_a f)\,(x) := f\,(x - a)\,.$$

((a_n) ist die durchnumerierte Folge aller rationaler Zahlen aus dem Intervall $(0, 1)$).

Dieser Operator hat wegen $T_0 \wedge a_0 \otimes F_0 \leqq \left(U_1 + U_{-1} + \sum_{n=1}^{m} n^{-2}\,U_{a_n}\right) \wedge a_0 \otimes F_0 + \left(\sum_{n=m+1}^{\infty} n^{-2}\,U_{a_n}\right) \wedge a_0 \otimes F_0 \leqq \sum_{n=m+1}^{\infty} n^{-2}\,U_{a_n}$ die Eigenschaft $T_0 \wedge a_0 \otimes F_0 = 0$. Ist nun T_0 nicht unzerlegbar, so gilt für geeignete nichtnegative Funktionen $f_0(x), g_0(x) \in L^2$, $(f_0, g_0 \neq o)$

$$\int_{-\infty}^{+\infty} f_0(x)\,g_0\,(x - y)\,dx = 0 \quad \text{für alle} \quad y \in (-\infty, +\infty)\,,$$

d. h. $f_0 = o$ oder $g_0 = o$. Dies ist ein Widerspruch ▮.

Bemerkung 4.2.4. Die Forderung nach der Existenz eines ordnungsstetigen positiven linearen Funktionals F_0 mit $[F_0] = I$ kann man abschwächen. Es genügt die Existenz eines ordnungsstetigen positiven linearen Funktionals

$$0 \neq G_0 \quad \text{mit} \quad T'\,X_{G_0}\,(K^* - K^*) \subseteqq X_{G_0}\,(K^* - K^*)\,.$$

Ist B der duale BANACH-Verband des BANACH-Verbandes B_1 und $T = A'$, $A \in [B_1]$, so ist $G_0 := R'_{r_\sigma+1}(A) F_0$, $0 \leqq F_0 \in B_1$ ordnungsstetig auf B, und es gilt nach Folgerung 1.1.1, 1.1.2 $T' X_{G_0}(K^* - K^*) \subseteqq X_{G_0}(K^* - K^*)$. Es sei bemerkt, daß im allgemeinen kein ordnungsstetiges positives lineares Funktional G_0 mit $[G_0] = I$ zu existieren braucht. Ein Beispiel hierfür ist der Raum $C(Q)$, Q sei ein normaler HAUSDORFF-Raum und enthalte $\aleph$ viele Punkte.

Beweis. Es gilt für $G \in X_{G_0}$ wegen $T' X_{G_0} \subseteqq X_{G_0}$ sofort

$$(T' \wedge F \otimes x)\, G = [G_0]\,\big((T' \wedge F \otimes x)\, G\big)\,.$$

Hieraus folgt nach (2.1.9)

$$(T' \wedge F \otimes x)\, G = [G_0] \bigwedge_{0 \leqq G' \leqq G} (T' G' + F \langle x, G - G' \rangle) = (T' \wedge [G_0]\, F \otimes x)\, G\,.$$

Nun ist für positive lineare Operatoren $T_1' \wedge T_2' \geqq (T_1 \wedge T_2)'$ und wir erhalten wie bei (4.2.11) für $0 \leqq x_0$, $0 \leqq G$

$$\Big\langle x_0, \bigvee_{F \in K^*,\, x \in K} (T' \wedge [G_0]\, F \otimes x)\, G \Big\rangle = \Big\langle x_0, \bigvee_{k=1}^{\infty} (T' \wedge k\, (G_0 \otimes a_0))\, G \Big\rangle$$

$$= \Big\langle x_0, \bigvee_{F \in K^*,\, x \in K} (T' \wedge F \otimes x)\, G \Big\rangle \geqq \Big\langle x_0, \bigvee_{F \in K^*,\, x \in K} (T \wedge x \otimes F)'\, G \Big\rangle$$

$$\leqq \bigvee_{F \in K^*,\, x \in K} \langle (T \wedge x \otimes F)\, x_0, G \rangle\,.$$

Auf die gleiche Weise wie beim Beweis von Lemma 4.2.5 folgt die Ordnungsstetigkeit von G, und wir erhalten schließlich

$$\langle x_0, T' G \rangle = \Big\langle x_0, \bigvee_{k=1}^{\infty} (T' \wedge k\, (G_0 \otimes a_0))\, G \Big\rangle = \langle T x_0, G \rangle\,.$$

Es ist nach dem gleichen Beweis wie bei Lemma 4.2.3 für $G \in X_{G_0}$

$$\langle G, T R_{r_\sigma+1}(T)\, x \rangle = \langle T' R_{r_\sigma+1}(T')\, G, x \rangle = \int Z(\mathfrak{p}, \mathfrak{q})\, d\nu_{G, a_0}(\mathfrak{q})\, d\nu_{x, G_0}(\mathfrak{p})\,.$$

Hieraus folgt wie bei Satz 4.2.1 $r_\sigma(T) > 0$ ∎.

Bemerkung 4.2.5. Ist Q ein kompakter HAUSDORFF-Raum, so ist jeder unzerlegbare positive lineare Operator auf $C(Q)$ nicht quasi-nilpotent, d. h. $0 < r_\sigma(T)$.

Beweis. Es ist wegen $T^2 R_{r_\sigma+1}(T)\, 1(q) \leqq (r_\sigma + 1)\, T R_{r_\sigma+1}(T)\, 1(q)$ für alle $q \in Q$

$$T R_{r_\sigma+1}(T)\, 1(q) \neq 0\,.$$

Damit existiert eine positive Zahl $0 < e$ mit

$$T R_{r_\sigma+1}(T)\, 1 \geqq e\, 1 \quad \text{und folglich} \quad r_\sigma(T) = r_\sigma\big(T R_{r_\sigma+1}(T)\big) \geqq e > 0 \; ∎\,.$$

5. Überblick über die wichtigsten Ergebnisse der Spektraltheorie positiver linearer Operatoren

In diesem Anhang stellen wir einige grundlegende Spektralaussagen für positive lineare Operatoren auf einem BANACH-Raum B mit Kegel K zusammen (siehe F. F. BONSALL [7], H. H. SCHAEFER [51]).

Der in Abschnitt 4 benutzte zentrale Satz von M. G. KREIN und M. A. RUTMAN [21], der die Vollstetigkeit des Operators voraussetzt, erscheint als ein

Spezialfall eines allgemeineren Satzes von F. F. BONSALL. Es ergibt sich, daß schon unter der Forderung der K-Vollstetigkeit des Operators für den Fall $\overline{\lim\limits_{l}} \left(\sup\limits_{x \in E K \cap K} \|T^l x\| \right)^{1/l} > 0$ ein positiver Eigenvektor existiert.

Eine Auflockerung der Vollstetigkeit bringt der

Satz: *E sei B ein* BANACH-*Raum, K ein Kegel in B und T ein positiver linearer stetiger Operator mit positivem Spektralradius $r_\sigma(T)$, dessen Randspektrum nur aus Polen der Resolvente besteht. Dann besitzen T bzw. T' positive Eigenvektoren in K bzw. K^*.*

Dieser Satz enthält das klassische Ergebnis von O. PERRON [36] über die Existenz positiver Eigenwerte bei Matrizen mit nichtnegativen Elementen und dessen kontinuierliches Analogon von R. JENTZSCH [13] in der Theorie der Integralgleichungen.

Besitzt der Kegel innere Punkte, so kann man generell die Existenz eines positiven Eigenvektors für den adjungierten Operator T' nachweisen.

Die Verallgemeinerung des Satzes von M. G. KREIN und M. A. RUTMAN auf lokal-konvexe Räume mit Kegel findet man bei H. H. SCHAEFER [51].

In der Arbeit von G. MAIBAUM [27] werden operatorwertige Funktionen der Form

$$A(z) := z A_1 + z^2 A_2 + z^3 A_3 + \cdots; \qquad |z| < R, R > 0$$

untersucht ($A_1, A_2, \ldots$ seien positive lineare vollstetige Operatoren). Es interessieren dann ebenfalls positive Lösungen x mit $A(z_0)\, x = x$, $z_0 > 0$.

Schließlich sei bezüglich des umfangreichen Gebietes der Theorie der nichtlinearen positiven Operatoren auf das Buch von M. A. KRASNOSELSKIJ [19] „Positive Lösungen von Operatorgleichungen" verwiesen.

5.0. Bezeichnungen und vorbereitende Aussagen

Es sei B ein BANACH-Raum mit (totalem) Kegel K. Mit $\mathring{K}$ bezeichnen wir die Menge der inneren Punkte von K. Ist der Kegel K erzeugend ($K - K = B$), so existiert eine Konstante M_0, so daß für jedes $x \in B$ gilt

$$x = k_1 - k_2; \quad k_i \in K, \quad \|k_i\| \leqq M_0 \|x\| \quad \text{für} \quad i = 1, 2. \tag{5.0.1}$$

(Für den Beweis siehe T. ANDO [2].)

Ist $T \in [B]$ ein positiver Operator, so definieren wir ähnlich wie in Abschnitt 4

$$\left.\begin{array}{ll}
\text{(a)} & r_\sigma(T|K) := \inf \left\{ z > 0 \colon \sum\limits_{n=0}^{\infty} z^{-n-1} T^n x \text{ konvergiert für alle } x \in K \right\}, \\
\text{(b)} & R_z(T)\, x := \sum\limits_{n=0}^{\infty} z^{-n-1} T^n x \text{ für } z > r_\sigma(T|K),\ x \in K, \\
\text{(c)} & \sigma_p(T|K) := \{z \colon \text{Es existiert ein } o \neq x \in K \text{ mit } T x = z x\}, \\
\text{(d)} & \sigma_p(T'|K^*) := \{z \colon \text{Es existiert ein } o \neq F \in K^* \text{ mit } T' F = z F\}, \\
\text{(e)} & T \text{ heiße } K\text{-vollstetig, wenn } T (E K \cap K) \text{ relativ kompakt ist.}
\end{array}\right\} \tag{5.0.2}$$

Es gilt auf Grund der NEUMANNschen Reihe für $|z| > r_\sigma(T)$ die folgende Abschätzung:

$$-R_{|z|}(T) \leqq \operatorname{Re} R_z(T), \quad \operatorname{Im} R_z(T) \leqq R_{|z|}(T). \tag{5.0.3}$$

5.1. Spektralaussagen für positive lineare Operatoren

Ein wichtiger Satz für die Gewinnung von Spektralaussagen für positive lineare Operatoren ist die Erweiterung des klassischen Satzes von PRINGSHEIM auf den vektorwertigen Fall. Obwohl wir diese Aussage nicht explizit benutzen, sei sie wegen ihrer Wichtigkeit aufgeführt (z. B. ist der folgende Satz 5.1.2. eine Konsequenz dieses Satzes).

Satz 5.1.1. *Es sei B ein* BANACH-*Raum mit normalem Kegel K. Wenn $a_n \in K$ und die Reihe $\sum_{n=0}^{\infty} a_n z^n$ den Konvergenzradius 1 besitzt, so kann man die durch diese Potenzreihe erzeugte analytische Funktion nicht in den Punkt $z = 1$ analytisch fortsetzen. Ist der Punkt $z = 1$ ein Pol der so erzeugten analytischen Funktion, so ist dessen Ordnung nicht kleiner als die anderer Pole auf $|z| = 1$.*

Beweis. Der Beweis ist der gleiche wie der von Lemma 4.1.2. Wir führen ihn der Vollständigkeit wegen an. Es sei $F(z) := \sum_{n=0}^{\infty} a_n z^n$ und

$$G(z) := \sum_{n=0}^{\infty} \frac{d^n}{dz^n} F(z)|_{z=z_0} \frac{(z - z_0)^n}{n!}, \qquad z_0 < 1$$

eine analytische Fortsetzung in eine Umgebung von $z = 1$. Dann folgt für $a \in K^*$

$$a(G(z)) = \sum_{n=0}^{\infty} (z - z_0)^n \left(\sum_{k \geqq n} \binom{k}{n} z_0^{k-n} a(a_k) \right)$$

und durch Umordnung der für $z > z_0$ aus positiven Gliedern bestehenden Reihen

$$a(G(z)) = \sum_{n=0}^{\infty} z^n a(a_n) ,$$

d. h.

$$G(z) \geqq z^n a_n .$$

Da der Kegel K normal war, ist $||z^n a_n|| \leqq C_0 ||G(z)||$. Damit konvergiert für $|v| < z$ die Reihe

$$\sum_{n=0}^{\infty} v^n a_n = \sum_{n=0}^{\infty} z^n a_n (v z^{-1})^n .$$

Dies ist ein Widerspruch.

Es sei nun in geeigneten Umgebungen von $z = 1$ bzw. $z = a$

$$G(|z|) = G_{-n_0} (|z| - 1)^{-n_0} + \cdots , \qquad G_{-n_0} \neq 0 ,$$
$$G(z) = A_{-n_1} (z - a)^{-n_1} + \cdots , \qquad A_{-n_1} \neq 0 .$$

Nun gilt ähnlich wie bei (5.0.3) für $|z| < 1$

$$- G(|z|) \leqq \operatorname{Re} G(z) , \qquad \operatorname{Im} G(z) \leqq G(|z|) .$$

Hieraus folgt für $n_1 > n_0$

$$\lim_{|z| \uparrow 1} (|z| - 1)^{n_1} G(|z|) = 0 \leqq \operatorname{Re} a^{-n_1} A_{-n_1} , \qquad \operatorname{Im} a^{-n_1} A_{-n_1} \leqq 0$$

und wir erhalten einen Widerspruch ∎.

Satz 5.1.2. *Es sei T ein positiver linearer stetiger Operator auf einem* Banach-*Raum B mit erzeugendem und normalem Kegel K. Dann gilt*

$$r_\sigma(T) \in \sigma(T)\,. \tag{5.1.1}$$

Beweis. Auf Grund von (5.0.3) und der Normalität von K gilt für $|z| > r_\sigma(T)$ und $o \leqq x$

$$||R_z(T)\,x|| \leqq ||\mathrm{Re}\,R_z(T)\,x|| + ||\mathrm{Im}\,R_z(T)\,x|| \leqq 2\,C_0||R_{|z|}(T)\,x||\,.$$

Hieraus folgt aus (5.0.1) für beliebiges $x \in B$

$$||R_z(T)\,x|| \leqq 8\,C_0\,M_0||R_{|z|}(T)||\;||x||\,, \tag{5.1.2}$$

d. h.

$$r_\sigma(T) \in \sigma(T)\;\blacksquare\,.$$

Ein Beispiel von F. F. Bonsall [7] zeigt, daß man bei Satz 5.1.2. die Normalität des Kegels K nicht entbehren kann. Dazu betrachten wir den Raum aller in $|z| < 1$ holomorphen Funktionen $f(z)$ mit $||f||:= \sup\limits_{|z|<1} |f(z)|$. Es sei

$$K:= \{f(z): f(z) \geqq 0 \quad \text{für} \quad -1 < z \leqq -1/2\}$$

und

$$(T\,f)\,(z):= -(z + 1/2)\,f(z)\,.$$

Dann ist T ein positiver linearer Operator auf dem erzeugenden Kegel K und $r_\sigma(T) = 3/2 \notin \sigma(T)$.

Lemma 5.1.1. *Ist T ein K-vollstetiger positiver linearer Operator auf einem* Banach-*Raum B mit Kegel K, so folgt für $0 < r_\sigma(T|K)$*

$$\left.\begin{aligned} &\text{(a)} \qquad r_\sigma(T|K) = \overline{\lim_n}\Big(\sup_{x\in E\,K\cap K}||T^n\,x||\Big)^{1/n}\,,\\ &\text{(b)} \qquad \lim_{z\downarrow r_\sigma(T|K)}\Big(\sup_{x\in E\,K\cap K}||R_z(T)\,x||\Big) = +\infty\,. \end{aligned}\right\} \tag{5.1.3}$$

Beweis. Wir zeigen zunächst (b) und nehmen wie beim Beweis von

Lemma 4.1.2. das Gegenteil an. Hier erhalten wir für $z_0 > r_\sigma > z$, $M_0\,(z_0 - z) < 1$, $o \leqq x$

$$G(z):= \sum_{n=0}^{\infty} R_z^{n+1}(T)\,x|_{z=z_0}\,(z_0 - z)^n \geqq z^{-n-1}\,T^n\,x \geqq o\,. \tag{5.1.4}$$

Damit wir nicht auf die gleiche Weise wie beim Beweis von Lemma 4.1.2 einen Widerspruch erhalten, muß also $\lim\limits_{nk\to\infty} ||T^{nk}\,x_0||\,z^{-nk-1} = +\infty$ für ein geeignetes $x_0 \in K$ gelten. Es gibt eine Teilfolge (n_{k_l}) mit

$$||z^{-n_{k_l}-1}\,T^{n_{k_l}}\,x_0|| \geqq ||z^{-n_{k_l}}\,T^{-n_{k_l}-1}\,x_0|| \geqq z||T||^{-1}\,||z^{-n_{k_l}-1}\,T^{n_{k_l}}\,x_0||\,. \tag{5.1.5}$$

(Diese Folge wird induktiv konstruiert. Dazu sei $a_n:= ||z^{-n-1}\,T^n\,x_0||$. Es ist $a_{n_k} \leqq a_{n_k+1}$ oder $a_{n_k} > a_{n_k+1}$. Im ersten Fall ist alles gezeigt. Im zweiten Fall ist durch Fortsetzung des Verfahrens schließlich $a_{n_k} > a_{n_k+1} > a_{n_k+2} > \cdots$, d. h. schließlich $a_{n_k+1} \leqq a_{n_k+l+1}$. Nun wird $a_{\min\,(m:\,a_{n_m}\geqq a_{n_k+l+1})}$ betrachtet.)

Aus (5.1.4) erhalten wir für $y_l := ||T^{n_{k_l}-1} x_0||^{-1} T^{n_{k_l}-1} x_0$

$$G(z)\, a_{n_{k_l}}^{-1} \geqq z^{-1}\, T\, y_l\,, \qquad G(z) = G(z, x_0)\,.$$

Da nun T K-vollstetig ist, folgt

$$T\, y_l \to 0\,.$$

Dies ist ein Widerspruch zu (5.1.5).

Es sei also für $x_n \in E\, K \cap K$

$$||R_{z_n}(T)\, x_n|| \to \infty \quad \text{für} \quad z_n \downarrow r_\sigma(T|K)\,.$$

Dann folgt

$$T^l\, R_{z_n}\, x_n ||R_{z_n}\, x_n||^{-1} - r_\sigma(T|K)^l\, R_{z_n}\, x_n ||R_{z_n}\, x_n||^{-1} \xrightarrow[n\to\infty]{} 0\,, \tag{5.1.6}$$

d. h.

$$\overline{\lim_l} \left(\sup_{x \in E\, K \cap K} ||T^l\, x|| \right)^{1/l} \geqq r_\sigma(T|K)\,.$$

Es ist nach obigen Überlegungen $\sup\limits_n ||z^{-n-1}\, T^n\, x|| \leqq M(x) < \infty$ für alle n und $x \in K$, $z > r_\sigma(T|K)$. Nach dem Prinzip der gleichmäßigen Beschränktheit folgt nun $\sup\limits_{n,\, x \in E\, K \cap K} ||z^{-n-1}\, T^n\, x|| \leqq M_0 < \infty$, d. h., es gilt auch

$$\overline{\lim_l} \left(\sup_{x \in E\, K \cap K} ||T^l\, x|| \right)^{1/l} \leqq \inf_{z > r_\sigma(T|K)} z = r_\sigma(T|K)\ \blacksquare\,.$$

Satz 5.1.3. *Es sei $T \in [B]$ ein positiver K-vollstetiger Operator auf einem* BANACH-*Raum B mit Kegel K. Dann ist für $0 < r_\sigma(T|K)$*

$$r_\sigma(T|K) \in \sigma_p(T|K)\,. \tag{5.1.7}$$

Beweis. Wir betrachten (5.1.6) für $l = 1$. Da T K-vollstetig war, ist

$$\left(T\, R_{z_{n_k}}\, x_{n_k}\, ||R_{z_{n_k}}\, x_{n_k}||^{-1}\right),$$

d. h. auch $\left(r_\sigma(T|K)\, R_{z_{n_k}}\, x_{n_k}\, ||R_{z_{n_k}}\, x_{n_k}||^{-1}\right)$, für eine geeignete Teilfolge (n_k) gegen $r_\sigma(T|K)\, z_0 \in K$, $z_0 \neq$ o, konvergent und es ist

$$T\, z_0 = r_\sigma(T|K)\, z_0\ \blacksquare\,.$$

Bemerkung 5.1.1. (siehe F. F. BONSALL [7]). Nach dem Beweis von Satz 5.1.3. genügt es offenbar an Stelle $T \in [B]$ auch $T \in \mathcal{L}(K - K)$ (und $T\,(E\, K \cap K)$ relativ kompakt) zu fordern.

Das folgende Beispiel soll zeigen, daß K-vollstetige positive lineare stetige Operatoren nicht notwendig vollstetig sein müssen. Es bezeichne B_0 den BANACH-Raum aller auf $[0, 1]$ stetigen und in $(1/2, 1]$ stetig differenzierbaren Funktionen mit der Norm $||f|| := \sup\limits_t |f(t)| + \sup\limits_{1/2<t} |f'(t)|$. Dann ist

$$K := \{f \in B_0 \colon 0 \leqq f(t) - f(s) \leqq (t - s)\, f'(1),\ s \leqq t;\ 0 \leqq f(t)\}$$

ein Kegel in B_0 (Es ist wegen $t^n \in K$, $n = 0\ 1, 2, \ldots$ tatsächlich $K - K$ dicht in B_0). Nach dem Satz von ARZELA-ASCOLI ist der Operator

$$(T_0 f)\,(t) := \begin{cases} f(t)\,; & t \leqq 1/3 \\ f(1/3) + \int\limits_{1/3}^{t} \int\limits_{1/3}^{x} f(y)\, dy\, dx\,; & t \geqq 1/3 \end{cases}$$

K-vollstetig aber nicht vollstetig. Ein ähnliches Beispiel zeigt F. F. BONSALL in [7].

Satz 5.1.4. *Es sei $T \in [B]$ ein positiver Operator auf einem* BANACH-*Raum B mit Kegel K, dessen Randspektrum nur aus Polen der Resolvente besteht. Dann ist für $r_\sigma(T) \neq 0$*

$$r_\sigma(T) = r_\sigma(T|K) \in \sigma_p(T|K) \cap \sigma_p(T'|K^*) . \tag{5.1.8}$$

Die Ordnung des Poles der Resolvente im Punkt $z = r_\sigma(T)$ ist nicht kleiner als die in anderen Punkten des Randspektrums.

Beweis. Es sei $0 \neq a = r_\sigma(T)\, e^{i\varphi} \in \sigma(T)$. Da die Resolvente $R_z(T)$ in $z = a$ einen Pol besitzt, erhalten wir

$$R_z(T) = (z-a)^{-n_0} R_{-n_0} + \cdots, \qquad R_{-n_0} \neq 0,\ n_0 \geqq 1 . \tag{5.1.9}$$

Wählen wir also $x_0 \in K$ mit $R_{-n_0} x_0 \neq o$, so folgt $||R_z(T)\, x_0|| \xrightarrow[z \to a]{} \infty$. Nun ergibt sich aus (5.0.3) für $|z| > r_\sigma(T)$

$$-\frac{R_{|z|}(T)\, x_0}{||R_z(T)\, x_0||} \leqq \operatorname{Re} \frac{R_z(T)\, x_0}{||R_z(T)\, x_0||}, \qquad \operatorname{Im} \frac{R_z(T)\, x_0}{||R_z(T)\, x_0||} \leqq \frac{R_{|z|}(T)\, x_0}{||R_z(T)\, x_0||} . \tag{5.1.10}$$

Es sei nun $r_\sigma(T) \notin \sigma(T)$. Dann folgt $||R_{|z|}\, x_0||\; ||R_z\, x_0||^{-1} \xrightarrow[z \to a]{} 0$. Es gelten wegen $R_{-n_0} x_0 \neq o$ folgende Abschätzungen

$$\left\|\operatorname{Re} \frac{R_z\, x_0}{||R_z\, x_0||} - \operatorname{Re} \frac{R_{-n_0}\, x_0}{||R_{-n_0}\, x_0||}\right\| \leqq M\, |z-a| ,$$

$$\left\|\operatorname{Im} \frac{R_z\, x_0}{||R_z\, x_0||} - \operatorname{Im} \frac{R_{-n_0}\, x_0}{||R_{-n_0}\, x_0||}\right\| \leqq M\, |z-a| ,$$

($|z-a|$ genügend klein).
Damit folgt aus (5.1.10) für $z \to a$

$$o \leqq \operatorname{Re}\left(\frac{R_{-n_0}\, x_0}{||R_{-n_0}\, x_0||}\right), \qquad \operatorname{Im}\left(\frac{R_{-n_0}\, x_0}{||R_{-n_0}\, x_0||}\right) \leqq o , \qquad R_{-n_0}\, x_0 = o .$$

Dies ist ein Widerspruch.

Für den Beweis war $||R_{|z|}||\; ||R_z\, x_0||^{-1} \xrightarrow[z \to a]{} 0$, d. h. $||R_{|z|}||\; |z-a|^{n_0} \xrightarrow[z \to a]{} 0$ hinreichend. Aus dieser Bemerkung folgt sofort die Aussage über die Ordnung der Pole ∎.

Satz 5.1.5. *Es sei T ein positiver linearer stetiger Operator auf einem* BANACH-*Raum B mit Kegel K. Ist $\mathring{K} \neq \emptyset$, so gilt*

$$r_\sigma(T'|K^*) \in \sigma_p(T'|K^*) . \tag{5.1.11}$$

Ist außerdem K normal, so folgt

$$r_\sigma(T) = r_\sigma(T'|K^*) \in \sigma_p(T'|K^*) . \tag{5.1.12}$$

Gilt ferner $T\,\mathring{K} \subseteqq \mathring{K}$, so ist

$$0 < r_\sigma(T'|K^*) . \tag{5.1.13}$$

Beweis. Zunächst gilt $\lim_{z \downarrow r_\sigma(T'|K^*)} \left\{ \sup_{F \in K^*} ||R_z(T')\, F||\, ||F||^{-1} \right\} = \infty$. Der Beweis für diese Tatsache ist derselbe wie der von Lemma 4.1.2. Wir setzen für geeignete $F_n \in K^*$

$$G_{z_n} := \frac{R_{z_n}(T')\, F_n}{||R_{z_n}(T')\, F_n||}\,; \qquad ||R_{z_n}(T')\, F_n||\, ||F_n||^{-1} \xrightarrow[z_n \downarrow r_\sigma(T'|K^*)]{} \infty\,.$$

Dann folgt

$$(T' - r_\sigma(T'|K^*))\, G_{z_n} = -\frac{F_n}{||R_{z_n}(T')\, F_n||} + (z_n - r_\sigma(T'|K^*))\, G_{z_n} \xrightarrow[z_n \downarrow r_\sigma(T'|K^*)]{} 0\,.$$

Nach dem Satz von ALAOGLU wählen wir ein gerichtetes System (G_{z_α}) mit

$$\sigma(B', B) - \lim G_{z_\alpha} = G_0, \; |z_\alpha - r_\sigma(T'|K^*)| \leqq 1/i \quad \text{für} \quad \alpha \geqq \alpha_0\,,$$

(siehe den Beweis von Satz 2.1.1).

Wir haben $G_0 \neq o$ zu zeigen. Wegen $\mathring{K} \neq \emptyset$ existiert ein Element $e_0 \in K$ mit $e_0 + \delta\, x||x||^{-1} \in K$ für $|\delta| \leqq \delta_0$, δ_0 positiv, d. h.

$$-\frac{e_0}{\delta_0} \leqq \frac{x}{||x||} \leqq \frac{e_0}{\delta_0}\,, \; x \in B, \; (x \text{ reell}).$$

Hieraus folgt

$$1 = ||G_{z_\alpha}|| = \sup_{x \in E\, K} \left| G_{z_\alpha}\left(\frac{x}{||x||}\right) \right| \leqq \frac{G_{z_\alpha}(e_0)}{\delta_0}\,,$$

d. h.

$$0 < \delta_0 \leqq G_0(e_0)\,.$$

Ist nun der Kegel K normal, so folgt aus (5.1.2) sofort

$$r_\sigma(T) = r_\sigma(T'|K^*)\,.$$

Wir haben noch (5.1.13) zu zeigen. Es sei $e_0 \in \mathring{K}$. Dann gibt es wegen $T\, e_0 \in \mathring{K}$ eine positive Zahl $a > 0$ mit $T\, e_0 \geqq a\, e_0$. Hieraus folgt für $F_0 \in K^*$

$$\langle R_z(T')\, F, e_0 \rangle = \sum_{n=0}^{\infty} z^{-n-1} \langle T'^n\, F_0, e_0 \rangle \geqq (z - a)^{-1}\, F_0(e_0)$$

und folglich

$$0 < a \leqq r_\sigma(T'|K^*)\; \blacksquare\,.$$

LITERATURVERZEICHNIS

[1] T. Ando, Positive operators in semi-ordered linear spaces, J. Fac. Sci. Hokkaido Univ., ser. I, **13** (1957) 214–228.

[2] T. Ando, On fundamental properties of a Banach space with a cone, Pacific J. Math. **12** (1962), 1163–1169.

[3] I. A. Bahtin, M. A. Krasnoselskij und V. Ja. Stecenko, Über die Stetigkeit linearer Operatoren, Sibir. mat. Žurn. **3**, No. 1 (1962), 156–160 (Russisch).

[4] S. K. Berberian, Approximate proper vectors, Proc. Amer. math. Soc. **13** (1962), 111–114.

[5] F. F. Bonsall, Endomorphisms of partially ordered vector spaces, J. London Math. Soc. **30** (1955), 133–144.

[6] F. F. Bonsall, Endomorphisms of partially ordered vector spaces without order unit, J. London Math. Soc. **30** 144–153 (1955).

[7] Bonsall, F. F., Linear operators in complete positive cones, Proc. London Math. Soc. 8 (1958), 53–75.

[8] F. F. Bonsall, Positive operators compact in an auxiliary topology, Pacific J. Math. **10** (1960), 1131–1138.

[9] M. M. Day, Normed linear spaces, Springer-Verlag, Berlin–Göttingen–Heidelberg 1958.

[10] N. Dunford und J. T. Schwartz, Linear operators I, New York 1958.

[11] S. R. Foguel, On order preserving contractions, Israel J. Math. **1** (1963), 54–59.

[12] T. Ito, On some properties of a vector lattice, Sci. Papers Coll. general Educ. Univ. Tokyo **17** (1967), 161–172.

[13] P. Jentzsch, Über Integralgleichungen mit positivem Kern, J. f. reine und angewandte Math. **141** (1912), 235–244.

[14] L. W. Kantorowitsch, A. G. Pinsker und B. S. Wulich, Funktionalanalysis in halbgeordneten Räumen, Moskau–Leningrad 1950 (Russisch).

[15] S. Karlin, Positive operators, J. Math. Mech. **8** (1959), 907–938.

[16] S. Karlin, The existence of eigenvalues for integral operators, Trans. Amer. Math. Soc. **113** (1964), 1–17.

[17] G. Köthe, Topologische lineare Räume I, Springer-Verlag, Berlin–Göttingen–Heidelberg 1960.

[18] M. A. Krasnoselskij, Topologische Methoden in der Theorie nichtlinearer Integralgleichungen, Moskau 1956 (Russisch).

[19] M. A. Krasnoselskij, Positive Lösungen von Operatorgleichungen, Moskau 1962 (Russisch).

[20] M. A. Krasnoselskij, P. P. Zabreiko, E. I. Pustylnik und P. E. Sobolevski, Integraloperatoren in Räumen summierbarer Funktionen, Moskau 1966 (Russisch).

[21] M. G. Krein und M. A. Rutman, Lineare Operatoren, die einen Kegel in einem Banach-Raum invariant lassen, Uspechi mat. Nauk **3** (23), (1948), 3–95 (Russisch).

[22] U. Krengel, Über den Absolutbetrag stetiger linearer Operatoren und seine Anwendung auf ergodische Zerlegungen, Math. Scandinav. **13** (1963), 151–187.

[23] U. KRENGEL, Ein Approximationslemma in komplexen B-Räumen mit positivem Kegel, Math. Scandinav. **15** (1964), 69–78.

[24] U. KRENGEL, Remark on the modulus of compact operators, Bull. Amer. Math. Soc. **72** (1966), 132–133.

[25] E. H.-J. KRIEGER, Einige Bemerkungen über das Randspektrum positiver linearer Operatoren auf Banach-Verbänden I, II, Mber. Dt. Akad. Wiss. Berlin **10** (1968), 21–25 und 182–185.

[26] E. H.-J. KRIEGER, Über das Randspektrum positiver linearer Operatoren auf Banach-Verbänden, Dissertation, Dresden 1968.

[27] G. MAIBAUM, Zum Eigenwertproblem bei analytischen operatorwertigen Funktionen, deren Koeffizienten positive Operatoren sind, Dissertation, Dresden 1966.

[28] I. MAREK, On some spectral properties of Radon-Nikolski operators and their generalizations, Comment. Univ. Carolinae **3** (1962), 20–30.

[29] I. MAREK, Spektrale Eigenschaften der K-positiven Operatoren und Einschließungssätze für den Spektralradius, Czechosl. math. J. **16** (91) (1966), 493–517.

[30] I. MAREK, u_0-positive operator and some of their applications, Siam J. Appl. Math. **15** (1967), 484–493.

[31] H. NAKANO, Semi-ordered linear spaces, Tokyo 1955.

[32] H. NAKANO, Modulared semi-ordered linear spaces, Tokyo mathematical book series, Vol. I, Tokyo 1950.

[33] F. NIIRO, On indecomposable operators in $l^p_{1<p<\infty}$ and a problem of H. H. SCHAEFER, Sci. Papers College general Educ. Univ. Tokyo **14** (1964), 165–179.

[34] F. NIIRO, On indecomposable operators in $L^p_{1<p<\infty}$ and a problem of H. H. Schaefer, Sci. Papers College general Educ. Univ. Tokyo, **15** (1964), 53–64.

[35] F. NIIRO und I. SAWASHIMA, On spectral properties of positive irreducible operators in an arbitrary Banach-lattice and problems of H. H. Schaefer, Sci. Papers College General Educ. Univ. Tokyo **16** (1966), 145–183.

[36] O. PERRON, Grundlagen für eine Theorie des Jakobischen Kettenbruchalgorithmus, Math. Ann. **64** (1907), 1–76.

[37] O. PERRON, Irrationalzahlen, Berlin 1947.

[38] D. W. SASSER: Quasi-positive operators, Pacific J. Math. **14** (1964), 1029–1037.

[39] I. SAWASHIMA, On spectral properties of some positive operators, Natur. Sci. Rep. Ochanomizu Univ. **15** (1964), 53–64.

[40] I. SAWASHIMA, An application of spectral properties of non-support operators to a theorem of S. Karlin, Natur. Sci. Rep. Ochanomizu Univ. **16** (1965), 1–8.

[41] H. H. SCHAEFER, Positive Transformationen in lokalkonvexen halbgeordneten Vektorräumen, Math. Ann. **129** (1959), 323–329.

[42] H. H. SCHAEFER, Halbgeordnete lokalkonvexe Vektorräume, Math. Ann. **135** (1958), 115–141.

[43] H. H. SCHAEFER, Halbgeordnete lokalkonvexe Vektorräume II., Math. Ann. **138** (1959), 259–286.

[44] H. H. SCHAEFER, Halbgeordnete lokalkonvexe Vektorräume III., Math. Ann. **141** (1960), 113–142.

[45] H. H. SCHAEFER, On the singularities of an analytic function with values in a Banach-space, Arch. der Math. **XI** (1960), 40–43.

[46] H. H. SCHAEFER, Some spectral properties of positive linear operators, Pacific J. Math. **10** (1960), 1009–1019.

[47] H. H. SCHAEFER, Spektraleigenschaften positiver linearer Operatoren, Math. Z. **82** (1963), 303–313.

[48] H. H. SCHAEFER, On the point spectrum of positive operators, Proc. Amer. math. Soc. **15** (1964), 56–60.

[49] H. H. SCHAEFER, Über das Randspektrum positiver Operatoren, Math. Ann. **162** (1966), 289–293.

[50] H. H. Schaefer, Eine Klasse irreduzibler Operatoren, Math. Ann. **165** (1966), 26–30.
[51] H. H. Schaefer, Topological vector spaces, New York 1966.
[52] H. H. Schaefer, Invariant ideals of positive operators in $C(X)$ I., Illinois J. Math. **11** (1967), 703–715.
[53] V. Ja. Stecenko, On a spectral property of an indecomposable operator, Uspechi mat. Nauk **22** (1967), 242–244.
[54] R. S. Varga, Matrix Iterative Analysis, Prentice-Hall, Englewood Cliffs, New Jersey, 1962.
[55] H. Wielandt, Unzerlegbare, nicht negative Matrizen, Math. Z. **52** (1950), 642–648.
[56] B. S. Wulich, Einführung in die Theorie halbgeordneter Räume, Moskau 1961 (Russisch).
[57] A. C. Zaanen, An introduction to the theory of integration, Amsterdam 1958.

Symbol- und Sachverzeichnis

Bei Fragen zur Produktsicherheit wenden Sie sich bitte an:
If you have any questions regarding product safety,
please contact:

Walter de Gruyter GmbH
Genthiner Straße 13
10785 Berlin
productsafety@degruyterbrill.com